SHAKA'S
BARBECUE
PRIMARY

샤카의 바비큐 프라이머리

SHAKA'S BARBECUE PRIMARY

샤카의 **바비큐 프라이머리**

차영기 지음

교문사

머리말

'바비큐'라는 단어의 어감 때문인지는 모르겠지만 이 음식이 서양이나 미국음식이라고 착각하는 사람들이 많다. 그럴 때마다 마음 한쪽이 씁쓸한 이유는 무엇일까?

바비큐란 길거리에 즐비한 해장국집이나 설렁탕집처럼 원조나 시조가 있는 음식이 아니다. 아주 오랜 옛날부터 수렵과 어로로 연명하며 동물과 다를 바 없는 생활을 하던 원시 인류가 우연한 기회에 자연발화로 타 죽은 동식물의 사체를 먹기 시작한 것은 실로 놀라운 경험이었다. 그들이 죽은 동물의 주위를 돌며 그것을 찔러보고, 표면을 조심스럽게 만져보고, 흐르는 육즙을 손으로 만져보고, 육즙이 잔뜩 묻은 손가락을 콧구멍 가까이 가져가 냄새를 맡아보고, 급기야 육즙이 줄줄 흐르는 손가락을 입에 넣어 맛을 본 순간 접했을 놀라운 풍미에 대한 경험과 희열은 말로 표현할 수 없는 환희이자 기쁨이었을 것이다.

인류 최초의 화식이라는 위대한 사건은 인간과 동물을 구분 짓게 하는 인류학적 전기가 되었다. 연기에 그을리며 장시간 익어가는 동물의 사체는 부드러웠고, 거기서 나는 야릇한 풍미는 인류를 충분히 매료시켰다.

이때부터 원시 인류는 본격적으로 불을 찾기 시작했다. 불을 얻게 된 인류는 문명을 만들기 시작하면서 좀 더 진화된 삶을 영위해갔다. 이렇게 아프리카와 아시아 대륙에 걸쳐 생존했던 원시 인류인 호모 에렉투스는 최초의 화식

인류였으며 그들에 의해 시작된 최초의 화식은 그대로 조리법이 되었다. 이러한 현상은 인류의 대이동으로 인해 전 세계로 확대되었을 것이다. 고로, 바비큐는 서양에 뿌리를 둔 음식이 아니다.

우리 민족은 고대부터 고기 요리를 잘하기로 소문이 나 있었다. 이에 대한 근거로 《삼국지 위서 동이전》을 보면 "동이족은 사냥과 양축(養畜)을 잘한다."라는 기록이 나온다. 이것으로 미루어보면 당시 우리 조상들은 고기 요리를 잘했을 것으로 짐작된다. 이렇게 시작된 뛰어난 요리 실력은 대표적 고기 요리인 맥적을 탄생시켰으며 이것이 설야멱과 너비아니로 이어져 오늘날 세계가 인정하는 불고기로 발전하게 되었다. 불고기는 한국 요리의 백미로 여겨지며 세계인들에게 찬사를 받고 있다.

이렇게 고기 요리 솜씨가 뛰어난 조상을 둔 덕에, 우리의 바비큐 수준은 다양하게 발전할 수 있었다. 서양의 거칠고 투박하면서 약간 비위생적인 바비큐 문화와는 달리, 섬세하고 위생적인 모습으로 독특하게 발전하여 주변국의 부러움을 사고 있다. 따라서 우리는 조상들의 뛰어난 솜씨에 감사해야 한다. 그리고 한국 음식 문화의 새로운 면을 더 연구하고 발전시켜 대중화하는 데 힘써야 한다. 서양에서는 이미 스포츠로 발전한 바비큐 경기대회를 국내에서도 활성화시켜 더 많은 사람이 즐길 수 있는 기반을 마련하고, 앞으로는 아시아를 중심으로 한 국제대회에 적극적으로 참여하여 한국 바비큐의 우수성과 저력을 알리는 활동을 지속적으로 해야 할 것이다.

오늘날, 우리는 참 많은 고민과 스트레스를 안고 살아간다. 숨 쉴 틈 없이 달려온 과거의 쳇바퀴에서 빠져나와 자신을 돌아볼 수 있는 여유를 가져야 한다는 생각은 이제 자연스러운 요구가 되었다. 이를 위한 방법 가운데 하나가 바로 사랑하는 가족과 친구, 연인과 함께할 수 있는 바비큐 파티가 아닌가 한다. 바비큐를 정성스레 준비하고 여유로운 시간을 나누면서 서로의 소중함을 느끼고 점점 개인화되어가는 현실을 떠나 진한 삶의 의미를 찾아보는 것, 이게 바비큐가 주는 진정한 매력이 아닐까 싶다.

바비큐의 또 다른 매력은 '태초의 맛'이다. 지금이야 각종 양념이 인간 본연의 미각을 농락하며 왜곡시켜놓았지만, 이렇게 된 시간은 그리 오래되지 않았다.

바비큐는 아주 오래전부터 시작된 인류 최초의 조리법이다. 최소한으로 문명화된 그릴에서 만들어내는 그 시대의 원시 음식이 오늘날 우리가 이야기하는 경기용 리얼 바비큐인 것이다. 어찌 보면 성스럽기까지 한 이 행위는 앞으로 지구 상에서 인류가 사라지기 전까지, 끊임없이 반복되고 이어져 우리 삶을 더욱 풍요롭게 만들어줄 것이다.

우리는 원시 인류의 생존 음식이었던 바비큐를 통해 점점 사라져가는 인간성을 회복하고, 무너지는 공동운명체의 복원을 꿈꾸며 공존공영의 가치를 실천해나가는 것을 염두에 두어야 한다. 바비큐라는 숭고한 행위를 통해 저마다의 가치를 찾는 것, 이것이 바로 바비큐를 즐기는 이유가 아닐까 한다.

바비큐란 단지 먹는 음식에만 국한된 것이 아니다.
바비큐는 아웃도어 활동의 꽃이다.

사랑하는 사람들과 포근한 자연으로 돌아가 태초의 맛을 즐기며 그간 잃어버렸던 자기 모습을 돌아보고 우주와 나, 자연과 인생, 가족의 의미 등을 다시 한 번 생각하고 삶의 동력을 재충전해보자.

이것이 진정으로 우리가 바비큐를 즐기는 참된 의미일 것이다.

바비큐는 이미 전 세계에서 축제 형식의 경기대회로 진행되고 있다. 지금까지는 미국을 중심으로 한 서양의 바비큐 문화가 전부였다면, 조만간 아시아를 중심으로 하여 새로운 바비큐 문화의 판이 짜일 예정이다. 거기에 걸맞은 세계대회도 활성화될 것으로 예측되는 상황에서 우리나라의 바비큐 이론과 기초의 뼈대를 세우는 일은 매우 중요하다.

글을 집필하는 동안 우리 조상의 독보적인 바비큐 문화와 역사에 대한 자부심을 느끼게 되었다. 부족한 식재료를 소중하게 다루는 지혜와 불과 열에 대한 개념, 굽는 기술의 섬세함, 그리고 그것이 삶의 바탕에 미치는 영향까지 배려하는 현명함에 감탄이 절로 나왔다.

지금까지 우리는 집단 최면에 걸려 조직과 사회의 이익 앞에 자신의 행복을 내려놓고 살았다. 하지만 앞으로의 우리 사회는 삶의 질이 우선시되는 건강하고도 역동적인 사회가 될 것이다. 그렇게 되면 아웃도어 문화를 즐기는 사람들이 점점 늘어날 것이고, 그 속에 새로운 문화시장이 만들어질 것이다. 이에 문화의 핵심에서 건강한 가치를 창조하고 직업인으로서의 무한한 자부심과 긍지를 가질 수 있는 근성 있는 문화 게릴라들이 서로의 꿈을 향해 무한 질주했으면 한다.

끝으로 책이 나오기까지 질긴 고락의 시간을 함께해준 모든 분들께 깊은 감사의 말씀을 드린다.

2016년 5월
차영기

프롤로그 | 바비큐를 시작하기 전에

바비큐란 집 밖 정원에서 또는 자연을 벗 삼아 야외에서 가족과 이웃, 그리고 사랑하는 사람들과 즐기는, 남성이 요리하고 서빙하는 아웃도어 문화의 꽃이다. 바비큐를 즐길 때 우리는 몇 가지 원칙을 지킬 필요가 있다. 원칙이란 간혹 불편하고 귀찮기도 하지만 이를 통해 상호가 편하고 뿌듯해지기도 한다. 원칙을 살펴보면 다음과 같다.

첫 번째,
인본주의자(人本主義者)가 되어라(Humanity).

우리의 삶이 그렇듯 우리가 살아가는 모든 것의 중심에는 반드시 인간이 있어야 한다. 정치, 경제, 사회, 문화 등 전 분야에서 인간을 배제한 성장이나 발전은 상상할 수조차 없다. 아웃도어 라이프를 즐길 때는 더더욱 그렇다.

우리는 밖에서 수많은 사람을 만나고 각자에게서 휴머니즘을 찾을 수 있다. 그들과의 우연한 조우와 필연적 해후에서, 나의 열린 마음이 상대를 행복하게 할 수 있다는 기본적인 친절을 본능적으로 지녀야 한다.

자연과 함께 호연지기를 기르며 거기에서 맺는 타인과의 소중한 인연에 감사할 줄 알고 존중하는 자세, 이 모든 것은 우리가 타인과 같은 인간이기에 느낄 수 있는 삶의 기쁨인 것이다.

두 번째,
자연주의자(自然主義者)가 되어라(Naturalist).

음식은 생존의 에너지로, 우리가 숨을 쉬고 심장을 뛰게 하여 생명을 영속시켜주는 원동력이다. 자연과 환경은 그 모든 행위를 가능하게 하고 허락하는 공동운명체의 생명 같은 것이다.

지구 온난화로 인한 이상기후와 천재지변으로 인간은 수많은 시련을 겪어왔다. 앞으로는 그 고통의 시간이 늘어날 수 밖에 없는 슬픈 현실에 직면해 있다. 인간이 만든 문명의 이기가 인간을 역습하는 역설이 생겨나는 것이다. 이러한 자연과 환경 속에서 아웃도어를 즐기는 우리들의 마음가짐은 어때야 할까? 스스로에게 진중하게 물어볼 일이다.

예부터 우리 조상들은 자연에 순응하는 법을 가르쳐왔다. 자연은 숭배의 대상이며 그 경이로움 앞에서 인간은 나약해진다. 한없이 품고 베풀기만 하던 자연은 때로 돌이킬 수 없는 치명적 재앙이 되어 인간을 괴롭힌다. 하지만 우리 조상들이 가르친 대로 자연의 숭고한 가치를 존중하고 아끼는 마음이라면 가슴 벅찬 감동을 느낄 수 있다. 그런 자연에 대한 경외심과 소중함을 간과한 채 훼손하고 더럽히는 자는 자연 앞에 나설 자격이 없다. 진정한 아웃도어인이라면 자연에 대한 한없는 동경과 겸손함을 지녀야 한다.

세 번째,
초절정 자아(超絶頂 自我)가 되어라(Superego).

아웃도어 라이프의 중심은 물론 두말할 것 없이 나 자신이다. 스스로 만족하고 행복하지 못하다면 주변의 모든 가치는 의미가 없어진다. 그러기 위해 가장 중요한 것은 내가 먼저 주변에 피해를 주는 행위를 하지 말아야 한다.

우리는 아웃도어 라이프를 즐기는 과정에서 어떤 것으로부터 방해받길 원하지 않는다. 그렇다면 나부터 소리 없이 와서 흔적 없이 떠날 수 있어야 한다.

아니 올 때보다 더 깨끗하게 떠나야 한다.

　내가 소중하듯 나 이외의 존재 또한 모두 소중하다. 내가 지키려는 자신의 가치만큼 남에게도 똑같은 크기의 가치가 있다는 것을 명심해야 한다. 그러기 위해서는 주변에 피해를 주지 않는 철저한 이기주의자가 되어야 한다.

　여기서 말하는 이기주의자란, 공동운명체에서 멀어져 자기 혼자만의 이익만 추구하는 극단적 이기주의자(egoist)와는 완전히 다른 개념이다. 공동운명체와 멀어져 혼자만의 외로운 섬에 자신을 고립시키지 말고 철저하게 자기 통제를 통해 최상의 즐거움을 찾되 주변에 피해는 주는 일은 절대적으로 삼가야 한다.

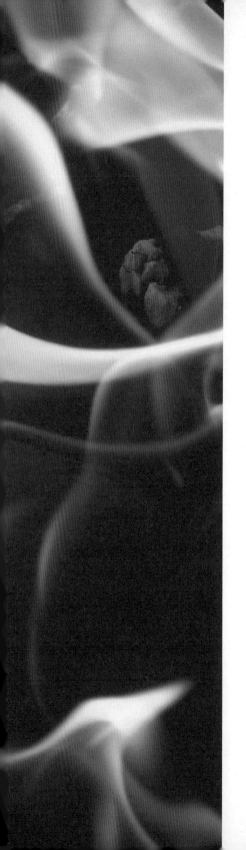

CONTENTS

1
바비큐 문화

문화의 이해와 발전 ／ 서양의 바비큐 문화

한국의 바비큐 문화 ／ 바비큐 문화의 발전

BARB

FCUF

1

바 비 큐 문 화

문화의 이해와 발전

문화(Culture)*는 인간에게만 있는 생각과 행동 방식 중 사회 구성원들로부터
배우고 전달받은 모든 것으로 의식주, 언어, 풍습, 종교, 학문, 예술, 사상, 제도
등 세상 모든 것을 포함하는 포괄적 의미를 지니고 있다.

　과거 문화는 건축, 음식, 의류, 스포츠, 노래, 춤, 언어 등 고유 영역별로 블럭
화되어(Block culture) 발전해왔다. 이와 달리 오늘날에는 다양한 이종문화가 어
우러진 융·복합 문화(Mix or Harmony culture), 즉 서로 다른 분야와 개성이 만
나 전혀 새로운 문화가 만들어지고 그것을 즐기는 사람들이 늘어나고 있다.

　과거와 현재를 통해 미래 문화의 특징을 예측해보면, 특정 계층과 예술가 및
전문가의 전유물이나 불가침 영역으로 여겨졌던 문화가 각 개인이 자신의 개성
과 구미에 맞게 만들어 즐기는 개인적 창조와 향유의 문화(Creative by a man /
Personal culture)로 바뀌게 될 것이다.

　이는 곧 서로 공감할 수 있는 즐거움만 있다면 누구나 컬처 크리에이터가 될

---

* 'Culture'는 라틴어의 'Cultus'에서 유래된 단어로 '재배하다', '경작하다', '마음을 돌보다', '지적 개발을
하다' 등의 뜻을 가지고 있다.

수 있다는 뜻이다. 서로 간섭하거나 간섭받지 않는 상호 존중과 인정을 바탕으로 형식과 틀에 얽매이지 않고 자유롭게 문화 콘텐츠를 생산하고 소비하는 세상을 만들어가는, 새로운 단계의 문화가 나타날 것이다.

지금까지는 행복보다 집단의 이익을 우선시하고, 또 그렇게 하기를 강요받는 사회 분위기에서 개인이 철저하게 희생하고 외면당해온 것이 사실이다. 그러나 이제는 그러한 일에서 벗어나 자기 행복을 최우선으로 하는 노력과 행동이 미래 문화의 주류가 되어야 한다. 또한 문화예술인을 위주로 하여 타인이 창작한 문화를 차용해서 즐기는 일에서 벗어나, 누구나 문화를 창조하는 시대가 올 것이다. 이에 각자의 개성이 좀 더 풍부한 다양성을 만들어내고 훨씬 행복하고 개인에게 만족감을 주는 인간적인 문화로 발전해나갈 것이다(Humanist, Naturalist).

여기서 중요한 것은 문화창조자로서의 개인적 역할과 사회적 향유에 대한 책임감이다. 이는 편승이나 동화와는 전혀 다른 차원으로 개인이 창조하고 즐기는 자유주의적 문화현상을 뜻한다(Superego).

융복합 문화에서 개인이 창조하는 문화로의 변모

기존 질서를 만들어가는 과정에서 길들여지고, 학습하는 과정에서 강제된 관념과 속박 속에서 벗어나 스스로 간섭받지 않거나 간섭하지 않는 다양한 욕구를 충족시키면서 자유로운 삶의 질을 추구하려는 개인적인 성향이 매우 강하게 요구되고 돌출되는 자연스러운 문화의 사회적 현상으로 인해 개인이 창조하는 문화의 중요성이 강조되고 있다(융복합문화와 공존).

라이프스타일의 변화로 인한 아웃도어와 바비큐 시장 성장 가능성

법과 질서, 관습과 도덕, 물질만능주의 등에 피곤을 느끼는 현대인들이 주체적이지 못한 삶의 패턴을 과감히 벗어던지고 자주적 삶을 추구하려는 경향에 따른 자연스러운 욕구가 아웃도어 문화 발전의 핵심이 될 것이다. 앞으로의 아웃도어 문화는 지금까지의 단조롭고 정형화된 틀에서 벗어나 다양하게 행동하고, 체험하고, 모험을 즐기는 쪽으로 발전할 것이다. 아웃도어 문화의 급속한 발전으로 나타나는 변화를 일탈적 풍선효과로 보는 경우가 있는데, 지금의 변화에 다소 거품이 끼어 있기는 하지만 이를 일탈적 변화라고 단정할 수는 없다.

미래 문화 트렌드가 자기만족주의와 개인창조문화 중심으로 삶의 패턴이 바뀌면서 오는 근본적 인식의 변화이기 때문에 얼마의 조정 기간을 거쳐 실질적으로 생활 속에서 성장하는 문화 시장이 될 것이다. 이러한 과정이 지나고 안정기에 접어들면 더 많은 아웃도어 종목이 등장할 것이고, 이것이 단편적인 문화의 조각이 아닌 다양한 복합 문화로 발전할 것이다. 이러한 상황에서 관련 아웃도어 스포츠와 바비큐 문화시장은 거품 없는 실질적 성장 시장으로 자리잡을 것이고 국민 삶의 질을 끌어올리면서 새로운 미래 직업을 만들고, 나아가 지역경제는 물론 국가경제에도 적지 않게 기여하는 핵심 주체가 될 것이다.

행복 및 자기만족과 관련된 단어

- Eudaimonism: 사전적(신학적인) 행복주의
- Complacencism: 신조어, (자부심 강한) 자기만족주의
- Self-satisfactionism: 신조어, (단순한) 자기만족주의

"지금 미국에서는 연간 500개 이상의 바비큐 대회가 열린다."

"지금 미국에서는 한해 1,000여 개의 실력 있는 바비큐팀이 생겨나고 있다."

"미국에서 가장 뜨겁고 빠르게 성장할 스포츠는 무엇인가?"

"그것은 아마도 바비큐일 것이다."

— Meathead Goldwyn

1	2
3	4

1 경기 전 관객 입장
2 경기 중 선수 심사
3 축하공연을 즐기는 관객들
4 경기 개막 축사

1	2
3	4

1 맛평가단 시식 장면
2 경기를 관람하는 관객들
3 입상자 시상
4 캠러리(캠핑+갤러리)

세계 바비큐 경기 대회

잭 다니엘 월드 챔피언십 인비테이셔널 바비큐 잭 다니엘 월드 챔피언십 인비테이셔널 바비큐 (Jack Daniel's World Championship Invitational Barbecue)는 전국에서 모인 사람들이 밤새도록 캠핑을 하면서 바비큐 관련 정보를 공유하고 즐기는 대회이다. 잭 다니엘 위스키를 이용하여 바비큐를 하며 각 대회의 우승자들만 초청해서 진행하며 축제의 성격을 띤다.

멤피스 인 메이스 월드 챔피언십 바비큐 쿠킹 콘테스트 멤피스 인 메이스 월드 챔피언십 바비큐 쿠킹 콘테스트(Memphis in May's World Championship Barbecue Cooking Contest)는 친구나 대중, 미디어 및 종사자, 광고 스폰서를 위한 축제이다. 조명 등을 갖추어놓고 밤새 춤을 추고 경쟁하며 즐기는, 죽기 전에 꼭 가봐야 할 바비큐 페스티벌이다.

아메리칸 로얄 오픈 인 캔자스 – 월드 시리즈 오브 바비큐 아메리칸 로얄 오픈 인 캔자스 – 월드 시리즈 오브 바비큐(The American Royal Open in Kansas City – World series of barbecue)는 카우보이 축제로 시작되었다. 현재는 바비큐 대회의 비중이 높아졌다.

기타 세계 바비큐 경기 대회

1	2	3
4	5	

1 $125,000 Las Vegas Barbecue Championship
2 Canadian National BBQ Championship
3 Championnat de France de Barbecue
4 2015 Harpoon Championships of New England Barbecu
5 Australian Barbecue Championships

국내 바비큐 경기 대회

2010년 영동 아마추어 바비큐 콘테스트 영동에서 나는 포도와 감을 이용한 바비큐 경기 대회이다.

2012~2013 남원 초청 바비큐 경기 대회 남원산 흑돼지와 허브(스피아민트), 포도를 이용한 바비큐 경기 대회이다.

2012 문경 저지방 부위 바비큐 경기 대회 비교적 잘 팔리지 않는 고기의 저지방 고단백 부위 소비를 촉진하기 위한 경기 대회이다.

코리아 오픈 한돈컵 바비큐 챔피언십 2013 코리아 오픈 한돈컵 바비큐 챔피언십 2013(Korea Open Handon Cup Barbecue Championship 2013)은 국내 최초로 열린 바비큐 경기 대회이다.

1 | 2
―――
3 |

1 개막식을 관람하는 초청 인사들
2 개막식 축사
3 결과물 제출 전 최종 온도를 체크하는 선수

4 | 5
―――
  | 6

4 바비큐 크루
5 경기 중인 참가자들(캠핑걸스팀)
6 시식하는 관람객(유준영 선수팀)

서양의 바비큐 문화

바비큐는 아프리카와 아시아, 시베리아, 인도네시아에 걸쳐 생존했던 원시인류인 호모 에렉투스(Homo erectus, 170만 년 전~10만 년 전)에 의해 인류가 접하게 된 최초의 화식이자 조리법이다. 바비큐라는 놀라운 경험은 인류로 하여금 불을 이용하게 하는 결정적 계기가 되었다. 바비큐는 오늘날에도 전 인류가 사용하는 가장 보편적인 조리법이다.

바비큐의 기원

바비큐의 기원과 올바른 정의, 역사와 신화에는 여러 가지 의견과 설이 전해내려오고 있지만 굽거나 익혀 먹는 화식의 총칭이라는 데는 의심의 여지가 없다. 어떤 사람들은 'Barbecue'라는 표기에 동의하지 않는다. 바비큐가 'Barbeque', 'Barbaque', 'BBQ', 'BB-Que', 'Bar-BQ', 'Bar-B-Que', 'Bar-B-Cue' 등 여러 가지로 쓰이고 있기 때문이다. 현재 일반적으로 사용되는 'Barbecue'는 기록을 위해 만들어진 구어체적 표기라 할 수 있다. 대부분의 언어학자와 역사학자들은 스페인 탐험가들에 의해 카리브 원주민 언어인 'Barbacoa'가 유럽에 전해져 'Barbecue'라는 단어를 파생시켰다는 데 동의한다.

　바비큐는 지금까지 그랬던 것처럼 앞으로도 단어는 물론 방법, 장비, 용구, 용품 등 여러 가지 이론적 논쟁의 여지가 많다. 어쩌면 논쟁을 통해 인류가 발전해온 것처럼 바비큐 문화도 끊임없는 경쟁과 논쟁 속에서 발전하고 있는 것이 아닐까 한다.

타이노 인디언 기원설　　스페인의 탐험가이자 작가인 곤살로 페르난데스 데 오

바바코아를 이용해
고기를 굽는 타이노 인디언들

비에도 발데스(Gonzalo fernández de oviedo y valdés, 1478~1557)에 의해 '바바코
아(Barbacoa)'라는 단어가 유럽에 전파되었다는 설이다.

1500년에 카리브 해에 도착한 곤살로는 캐러비안의 원주민 타이노(Taino)인
디언들이 네 군데에 기둥을 세우고 슬라브 형태의 나무 선반으로 만든 지붕 위
에 곤충, 뱀, 동물 등을 구워 먹는 모습을 보았다. 곤살로는 원주민들이 '바바코
아'라고 이야기하는 모습을 보고 자신의 글에 인용했다. 바바코아는 그들의 언
어로 '푸른 연기가 나는 사각 나무틀'이라는 의미를 가진 고기를 굽는 장치를
의미했다. 이후 이 단어는 유럽으로 전해져 1526년에 출간된 스페인의 《에스파
냐어 사전(Diccionario de la lengua espanola)》 제2판에서 활자화되었다.

카리브 해에 사는 아메리카 원주민 부족 대부분은 훈연 건조(Drying and
smoking) 방식으로 물고기를 보존했으며 저녁식사를 위해 거북이, 도마뱀, 악
어, 뱀, 쥐, 개구리, 새, 개, 기타 작은 동물을 요리하는 데 바바코아를 사용했
다. 종종 사슴 같은 동물도 바바코아에서 요리했다. 훈제, 염장, 말린 고기는
종종 스튜(Stew)로 만들어 먹었다. 그 장면은 마치 바비큐를 한다기보다는 육
포를 만드는 것 같았다.

이렇듯 연기와 불은 원시인류들이 동굴에 살 때부터 도처에 존재해왔으며
사람들은 불에 고기를 구워 먹기 시작했다. 이때부터 내려온 훈연 조리 방법은

냉장 보존법이 실시되기 훨씬 전까지 널리 사용되었던, 사냥해온 고기가 상하지 않게 보존해주는 인류의 생존을 위한 위대한 발견이었다.

다양한 기원　1938년에 라루스(Larousse)는 《가스트로노미크(Gastronomique)》라는 프랑스 요리의 고전에서 바비큐는 '수염에서 꼬리까지'라는 뜻을 가진 프랑스어 'de la barbe a la queue'에서 나왔다고 주장했다. 라루스는 이것이 고기를 구울 때 꼬챙이를 동물의 입부터 꼬리까지 찌르는 것이라고 이야기한다.

또 다른 기원은 구운 양고기를 뜻하는 로마니언의 '바비크(Berbec)'이다. 하지만 바비큐가 프랑스어의 'de la barbe a la queue'에서 나왔다고 생각할 수는 있어도, 바비크가 기원이라고 생각하는 사람을 찾기는 쉽지 않다.

롭 월시(Robb walsh)는 자신이 쓴 요리책 《텍사스 바비큐의 전설(Legends of Texas barbecue)》에서 버나드 퀘일(Bernard quayle) 또는 버나디 퀸(Barnaby quinn)이었을 부유한 텍사스 목장 이름에서 바비큐가 유래됐다는 공상적인 이야기를 언급한다. 그는 친구들에게 통양, 돼지, 그리고 화덕 위의 솥에서 볶듯이 익힌 고기를 대접하길 즐겼는데 그가 고기에 찍었던 낙인에 BQ라는 그의 이니셜이 새겨져 있었다. 목장의 브랜드 BQ에서 지금의 Bar BQ가 나왔다는 것이다.

몇몇 민속학자들은 풀 테이블이 있는 대로변의 집을 뜻하는 바비큐라는 단어가 되었다고도 하지만, 가능성이 별로 없는 이야기이다.

바비큐는 캐러비안 지방을 거쳐 미국으로 이주한 사람들에 의해 미국 남부 지방에서 확산되기 시작하여 오늘날 풋볼이나 야구 못지않게 미국인이 열광하는 음식 문화로 자리 잡았다. 미국인들은 가장 미국다운 음식으로 바비큐를 꼽는다. 작은 중소 도시까지 바비큐 축제나 대회가 보편화되어 있고, 이 축제는 대다수의 미국인들이 즐기는 가장 대중적이면서도 큰 행사이다.

바비큐는 미국을 미국답게 하는 문화 아이콘이다. 미국에서는 한해 500개가 넘는 바비큐 축제와 대회가 열리며, 매년 1,000여 개의 실력 있는 신생 바비큐팀이 생겨나고 있다. 미국의 바비큐 전문가들은 "앞으로 미국에서 가장 빠른 속도로 발전할 수 있는 스포츠가 무엇이냐?"라는 질문에 망설임 없이 "바비큐다."라고 답한다.

바비큐의 인기가 점점 높아지고 있다. 점점 더 많은 미국인들이 바비큐를 즐기면서 자신만의 바비큐를 만들고 싶어 하고 있다. 진한 토마토소스는 가장 손쉽게 사용되는 바비큐 소스로 많은 사람이 선호한다. 이러한 사람들은 자신들이 진짜 바비큐를 하고 있다는 착각을 하고 있다. 상당수의 미국인들은 바비큐 소스를 잘못 사용하고 있다. 고열에 구운 고기 위에 여러 가지 소스를 듬뿍 끼얹고 그것이 바비큐라고 믿는 것이다.

여전히 많은 미국인들이 바비큐나 소스에 관해 잘못 알고 있다. 그 이유는 아마 식민지 원주민인 인디언에 의해 유럽에 최초로 소개된 바비큐를 제대로 알기에는 그 거리가 상당하기 때문일지도 모른다. 그들은 초창기에 나타난 바비큐의 실체와 상관없이 그들이 진짜 바비큐를 먹고 있다는 생각을 하고 있다. 바비큐의 진정한 원래 모습에서 멀리 떨어져 제대로 된 바비큐를 접할 기회가 없는 것이다. 미국의 매체들은 바비큐라는 단어를 이해하지 못하게끔 혼란을 만들어냈다. 바비큐는 특정 물건을 지칭하는 명사뿐만 아니라 때로는 타동사로 사용되어 일반화되고 있다.

미국의 남부 지역이 아닌 곳에 사는 사람들은 바비큐를 동사로 사용한다. 따라서 이 단어를 명사로 사용해야 할 때 종종 잘못 실수하는 경우가 생긴다. 예를 들어 "나는 이 햄버거를 바비큐할 거야." 또는 "그 바비큐 위에 음식을 던져보자."라는 식으로 바비큐라는 단어를 오용한다.

상황이 이렇다 보니 바비큐가 무엇인지 모르게 되어 버렸다. 미디어 종사자들마저도 잘못 사용할 정도로 바비큐에 대한 믿음과 상식이 부족한 상태에서, 그들이 잘못된 바비큐 문화를 확산시키고 있다. 실제 바비큐에 대해 아무것도 모르는 사람들이 텔레비전과 영화를 통해 잘못된 것을 보고, 또 확대 재생산시키고 있다.

미국 바비큐 대회의 시작

미국의 일부 우월주의자들은 바비큐도 재즈처럼 미국의 발명품이라고 생각하고 싶어 하며, 그렇게 믿는다. 하지만 바비큐는 미국에서 발명된 것이 아니며 미국 음식도 아니다. 미국이 아닌 다른 나라들이 미국보다 더 풍부하고 다양한 바비큐 전통을 가지고 있다. 하지만 바비큐는 미국 음식 문화에 깊이 스며들었고 오래전부터 시작된 바비큐 경기 대회와 축제를 통해 야구처럼 대중적으로 발전했다.

미국 야외 그릴의 인당 소유량은 다른 나라를 능가한다. 또 미국이 자기들만의 요리법과 기술 등을 발전시키면서 바비큐 문화 발전에 기여한 바가 크다는 것은 인정하지 않을 수 없는 사실이다.

1960년대 〈로스엔젤레스 타임스〉에 기록된 바비큐 조리법: 자바식 돼지고기 안심

돼지고기 안심·········2파운드
브라질 너트·········6개
다진 양파·········1컵
다진 마늘·········2
레몬주스·········1/4컵
간장·········1/4컵
갈색 설탕·········2큰술
다진 고수·········2큰술
분쇄 고추·········1/4작은술
올리브 오일이나 식물성 기름·········1/4컵
핫 사프란 쌀 또는 건포도와 카레 밥·········약간

1. 고기에서 여분의 지방을 손질한다.
2. 너트, 양파, 마늘, 레몬주스, 간장, 설탕, 양념과 기름을 섞는다.
3. 큐브 모양의 돼지고기를 넣고 10분 동안 마리네이드한다.
4. 금속 스큐어에 돼지고기를 꼽고 뜨거운 불 위에서 굽는다. 또는 약 10분 정도 다른 면을 굽는다. 한 번 브러싱한다.
5. 뜨거운 밥과 함께 꼬치에 꽂은 돼지고기를 제공한다.

세계의 바비큐 스타일은 각국의 특성에 맞게 발전해왔지만, 현대 바비큐의 대부분이 바비큐에 대한 열정으로 가득찬 미국에서 더욱 발전해온 것은 부정할 수 없는 사실이다. 그런 의미에서 바비큐를 진정한 미국의 요리라고 볼 수도 있다. 물론 다른 나라에서도 미국 못지않게 전통 있는 바비큐 문화가 발전하고 있는 것이 사실이다. 바비큐는 각국에서 좀 더 세련되고 복잡한 형태로 진화에 진화를 거듭하고 있다.

지역별 바비큐

캐롤라이나 캐롤라이나(Carolina)에서는 바비큐에 돼지고기를 주로 사용한다. 겉면에 럽(Rub)을 해두었다가 소스를 바르면서 굽는다. 또는 돼지를 통째로 굽고 부위를 찢고 섞어 식초와 고추를 넣은 소스에 버무려 먹는다. 돼지의 어깨 부위만을 사용하는 경우도 있다. 미국의 네 가지 기반의 바비큐 소스가 이 지역에서 시작되었다.

미국에서 바비큐는 일반적으로 베이스팅(basting)과 마무리 소스(sauce)로 사용되는 재료가 무엇을 기반으로 하느냐에 따라 식초와 후추, 겨자, 가벼운 토마토와 무거운 토마토 등으로 분류된다. 대개 미국 바비큐 소스는 이 네 가지 범주 중 하나에 속한다. 그중에서도 사우스캐롤라이나는 소스 네 가지를 모두 사용하는 미국 내 유일한 지역이다.

- 식초와 고추 기반의 바비큐 소스: 첫 번째 또는 '원조' 바비큐 소스는 수백 년을 거슬러 올라간다. 그것은 식초와 고추(카옌 페퍼)를 기반으로 한 바비큐 소스로 매우 단순한 형태였다. 이 소스의 기원을 알기 위해서는 북부와 남부 캐롤라이나 해안평야 지대로 다시 기억을 거슬러 올라가야 한다. 또한 식초와 고추를 기반으로 하는 바비큐 소스는 사우스캐롤라이나의 윌리엄스 버그 카운티에서 스코틀랜드 정착민에 의해 전파되었다는 것을 역추적을 통해 알 수 있다. 식초와 고추를 기반으로 한 바비큐 소스 비즈니스로 가장 유명한 가족은 스코틀랜드의 브라운 가족이다.
- 겨자 기반 바비큐 소스: 두 번째 바비큐 소스는 겨자를 기반으로 하는 바비큐 소스로 역사의 흐름으로 볼 때 사우스캐롤라이나 스타일의 바비큐 소스로 간주되며 오늘날에 이르렀다. 그것은 사우스캐롤라이나에 살고 있는 독일인의 영향에 의해 좀 중후한 느낌의 겨자 소스로 시작되었다. 1730~1750년대 독일인 가족 수천여 명이 돈을 벌기 위해 바다를 통

해 사우스캐롤라이나로 모여들었다. 독일인들은 가족 농장 형태의 농업에 종사하는 아주 숙련되고 열심히 일하는 근면한 사람들이었다. 그들은 그 기간 동안 여러 지역에 걸쳐 토지보조금을 받았다. 이 역사적 사실은 그로부터 250년 후, 독일인 정착을 역추적할 수 있는 중요한 자료가 되었다. 지금도 상업적으로 겨자 기반의 바비큐 소스를 만들어 판매하는 가정에서 이런 독일어로 된 성과 이름을 볼 수 있다. 이 독일인 가족 중 겨자를 기반으로 바비큐 사업을 하는 가장 유명한 가족은 베싱거(Bessinger) 가족이다.

- 묽고 가벼운 토마토 바비큐 소스: 세 번째 유형은 사우스캐롤라이나에 있는 바비큐 소스 중 가벼운 토마토 기반의 소스다. 단순히 약간 단맛이 나는 케첩에 식초와 고추를 추가한 매콤한 소스였다. 묽고 가벼운 토마토 기반 바비큐 소스에서 가장 유명하고 명성이 높은 곳은 당연 노스캐롤라이나에 있는 렉싱턴이라는 곳이다. 렉싱턴이 인구는 얼마 되지 않지만 '세계 바비큐 수도'라고 할 만큼 바비큐에 대한 자부심이나 축제, 레스토랑이 많은 지역이다. 또, 이 소스는 사우스캐롤라이나의 상위 중앙 지역과 캐롤라이나 지역 상위 해안 평야 지역인 사우스캐롤라이나 피디(Pee dee) 지역에서 쉽게 발견된다.
- 진하고 무거운 토마토 바비큐 소스: 네 번째 소스는 토마토를 사용하는 좀 진하고 묵직한 느낌의 바비큐 소스다. 이 바비큐 소스는 사우스캐롤라이나에서 발견되고 있지만 거기뿐만 아니라 미국 전역에서 발견되고 있다. 이것은 지난 60년 동안 지속적으로 진화하고 있다. 현재 진하고 무거운 토마토소스와 어느 정도 달콤한 소스의 유형은 미국의 모든 곳에서 사용하는 보편적인 형태의 바비큐 소스에서 찾아볼 수 있다.

멤피스 재즈의 도시로 알려진 멤피스(Memphis)는 립과 바비큐 샌드위치로 유명하다. 굽는 방법으로는 웨트 럽(Wet rub)을 통해 굽기 전과 굽는 과정에 소스를 발라가면서 굽는 방식이 있고, 드라이 럽(Dry rub)를 통해 겉면에 발라 두었다가 굽는 방식이 있다. 코울슬로와 식초, 마요네즈, 피클 등으로 소스를 만들어 먹는다.

캔자스 시티 캔자스 시티(Kansas city)에서는 주로 쇠고기와 드라이 럽을 사용한다. 소스를 잔뜩 뿌려 먹는 것이 특징이다. 농도가 짙은 토마토를 이용해 소스를 만들며 감자튀김과 같이 먹는다. 캔자스 시티에는 미국의 수많은 바비큐 단체 중 최고의 단체가 있으며 대회도 가장 활성화되어 있다.

텍사스 텍사스(Texas)에서는 쇠고기를 사용한다. 동부는 히코리(Hickory)를 사용해서 훈연 쿠킹하면서 뼈와 살이 분리될 때까지 오랜 시간 익혀준다. 중부는 피칸나무나 참나무를 이용해 굽는다. 서부는 메스퀴트(Mesquite)를 사용해 약간 쓴맛이 날 정도로 진한 훈연 쿠킹을 한다. 남부는 진한 소소에 재어서 굽는다.

미국의 바비큐 문화

원시적이고 야생적인 사람들이 처음 모닥불을 발견한 이후 그들은 각종 요리 대회에 도전하기에 이르렀다. 그렇게 시작된 바비큐 경기 대회는 오늘날 미국에서 가장 빠르게 성장하는 스포츠로 자리 잡았다.

첫 번째로 치러진 바비큐 경기는 1959년 하와이에서 실시된 카이저 포일 요리대회(The Kaiser Foil Cookoff)였다. 그 대회가 열리고 몇 달 후 하와이는 주로 승격되었다. 그들은 "남성을 위한" 메인 요리법을 보내 경기에 참가했다. 최종 25개 팀의 후보가 선정되었고 그들은 아내와 함께(모두 결혼한 가정) 요리 대회를 위해 와이키키(Waikiki)의 하와이언 빌리지 호텔(the Hawaiian Village Hotel)로 날아왔다. 1등은 그랜드 내셔널 쿡오프 챔피언(Grand National Cookout Champion)이 되었으며 상금으로 10,000달러를 받았다. 5등까지 지프 스테이션 웨건(Jeep Station Wagon)이 부상으로 주어졌다. 카이저 이벤트는 1960년에도 실시되었지만, 정확히 언제 끝났는지는 확실하지 않다.

또 다른 바비큐 대회의 원형으로는 1952년 달라스에서 거행된 텍사스 스테이트 페어에서 실시된 월드 챔피언십 카우 컨트리 BBQ 쿡아웃(The World Championship Cow Country BBQ Cookout)이 있다. 또 다른 대회는 TX, Uvalde에서 1972년 6월 3일에 개최되었다. 아르마 데이(Arama day)로 불리는 이 이벤트는 정규 대회가 되었다.

존슨 시티(Johnson city)의 존 레이븐(John raven)에 따르면 텍사스의 승자는 샌 안토니오(San antonio)의 브라조스 바리스터스 쿠킹 팀(Brazos Barristers cooking team)의 헤드쿡이었던 커밋 하네(Kermit hahne)였다. 스톤월에 살았던 그는 자주 린든 존슨 대통령의 음식을 요리했다고 한다.

다음 해인 1973년 테네시 코빙턴에서는 또 다른 경기가 열렸다. 그리고 첫 번째 브래디 월드 챔피언십 BBQ 고트 쿡오프(Brady World Championship BBQ Goat Cook-off)가 열렸다.

그후 10년간 정말 여러 가지 대회가 열렸다. 하지만 진짜 큰 대회는 시카고에서 열린 것으로 1982년에 퓰리처 상을 받은 시카고 선타임스 칼럼니스트(Chicago Sun-Times columnist)인 마이크 료코(Mike royko)가 개최한 것이었다. 그는 어디서든 최고의 립을 만들 수 있다고 떠들고 다녔고, 미시간 호수 위 그랜드 파크에서 마이크 료코 립페스트(Mike Royko Ribfest)를 연 것을 자랑하고 다녔다. 대회 첫해에는 참가자가 400명 이상 몰렸다. 우승자는 찰리 로빈슨(Charlie robinson)이었다. 우승 후 로빈슨은 갑작스럽게 얻은 명성에 취해 자신의 소스와 양념을 떠벌리며 레스토랑을 드나들었다. 그 이벤트에서 나온 소스 역시 사소한 논쟁거리가 되었다. 그 후 채식주의자들은 고기가 없는 논미트 립(Non-meat rib)으로도 대회에 참여할 수 있게 해달라고 료코를 괴롭혔다.

변덕스러웠던 료코는 "가끔 난 채소를 먹는다."며 채식주의자에 대한 편견이 없다는 내용의 글을 쓰기도 했다. 그러다 1986년에 대회에 참가한 채식주의자들에게 굴복하고 말았다. 그는 논미트 립을 먹고 나서 "질감이 매우 부드러운 것 같았고 고무 조각을 씹는 것 같았다."라고 썼다. 그는 글루텐온어스틱 바비큐 립(gluten-on-a-stick barbecued rib)에 대해 사람들이 지우개를 씹는 것 같이 느낄 수 있다고 염려했다.

US, 레이건 정부 바비큐의 정의 개정 설정

1984년, 레이건 행정부는 임기 중간에 식품안전 및 검사서비스의 정의에 관한 개정을 시행했다. 1985년 1월 1일, USDA는 연방정부규정 제목 9, 제3부, 파트 319, 서브파트 C, 제319.80의 코드를 수정했다.

"바비큐로 된 고기는 '쇠고기 바비큐' 또는 '돼지고기 바비큐'라고 표시된 제품이어야 하고 단단한 나무 또는 충분한 시간에 뜨거운 연료의 연소에 인한 열의 직접적인 작용에 의해 조리된 것이어야 한다. 이는 표면에 지방의 공급으로 갈색의 크러스트 형성을 포함한다. 이 제품은 조리 과정에서 소스와 함께 양념을 끼얹을 수 있다. 바비큐 고기의 무게는 신선한 날고기 중량의 70% 밑으로 줄지 않아야 한다." 이러한 개정에 관해 오클라호마의 한 상업 생산자는 조리된 고기 중량의 30% 이상이 손실되면 해고될 것이라며 전전긍긍했다고 한다.

한국의 바비큐 문화

인류 최초의 화식 조리법인 바비큐는 미국의 바비큐 문화가 기록되기 훨씬 전부터 우리나라 조상들의 현명함에 의해 다양한 방법으로 시도되었다. 바비큐의 재료로는 소, 돼지, 닭, 염소, 토끼, 사슴, 참새, 오리, 거위 등 다양한 수조육류와 여러 가지 어패류, 경채류, 과채류 등이 사용되었다.

중국의 진수(陳壽, 233~297)가 편찬한 《삼국지 위서 동이전》을 보면 과거 부여국이나 고구려의 위치가 가축을 기르고 수렵(狩獵)을 하기에 적당했음을 알수 있다. 책에 기술되어 있듯 부여국은 상고 시대부터 양축(養畜)을 잘했고, 고구려는 수렵에 능했음을 알 수 있다. 이러한 환경에서 맥적(貊炙)과 같은 고기요리가 생겨나고 발달되었으며, 그렇게 시작된 구이 요리가 오늘날까지 전해 내려오고 있다. 이때부터 나타난 고기 요리는 한국식 바비큐 문화의 뿌리가 되었다. 오늘날에는 한국 사람들의 바비큐 실력이 상당한 수준에 이르러 앞으로 새로운 각도에서 접근하고 깊이의 면에서도 한식의 위상을 높이는 데 적지 않게 기여할 것이다.

한국 바비큐 문화의 우수성을 정리하면 다음과 같다.

- 한국은 농업국이었지만 곡물 음식과 고기 음식이 병행 발달하였다.
- 무속행의(巫俗行儀), 고사행의(告祠行儀), 가례(家禮), 제향(祭享), 시(時), 생(牲)을 으뜸으로 여겼다(기를 때는 '축', 제물일 때는 '생').
- 선사 시대 사냥 용구 출토로 미루어볼 때 고대에는 수렵을 숭상하고 가축을 사육하던 생활 유습이 있었음을 추측할 수 있다.
- 부여국 관직명에 마(馬), 우(牛), 저(猪), 구(狗), 견(犬), 대사자(大使者), 사자(使者)가 있는 것으로 보아 축양을 소중히 여겼음을 알 수 있다.
- 삼국 시대, 신라에 양전(羊典), 육전(肉典)을 두었다는 기록이 있다.

- 신라 신문왕 3년에는 폐백 품목에 포(脯)가 있어 이를 통해 건육(乾肉)의 가공 이 실시되었음을 확인할 수 있다.
- 《삼국유사》〈태종춘추공조〉에는 "하루 식사에 꿩이 아홉 마리였다."라고 기록되어 있다. 이를 통해 상무(尙武) 환경에서 고기 음식이 발달했음을 알 수 있다.
- 고구려에는 매년 왕이 수렵 대회에 참여하여 처음 잡은 노루나 산돼지로 제를 올렸다는 기록이 남아 있다. 이렇듯 수렵 숭상 사회에서 출중한 고기 요

한국인과 쌈

쌈은 우리나라 사람들의 고기 문화에서 빼놓을 수 없는 요소이자, 다른 나라와 차별화되는 독특한 문화이다. 이익의 《성호사설》을 보면 고려 시대에 "생채잎에 밥을 싸서 먹는다."는 내용이 나온다.

상추쌈에 관한 가장 오래된 기록은 원나라 시인 양윤부(楊允孚)가 14세기 중반에 쓴 《난경잡영》에서 "고려 사람들은 생채로 밥을 싸 먹는다."는 내용일 것이다.

우리나라에서는 15세기 초에 쓰인 《두시언해초간》에 생채가 나온다. 17세기 중반에 쓴 《옥담유고》에는 〈와거(萵苣)〉, 즉 상추라는 제목의 시가 나오는데 이 시에는 "들밥을 내갈 때 광주리에 담고 손님 대접할 때 한 움큼 뜯는다."라는 구절이 나온다. 이처럼 상추는 조선 시대에 일상적으로 기르던 채소였다.

위관 이용기가 1924년에 지은 《조선무쌍신식요리제법》에는 "생치(상추)를 씻어 마지막에 (참)기름을 치고 그 위에 쑥갓과 세파, 상갓과 깻잎, 방아잎, 고수풀에 비빈 밥을 올려 먹는 것이 가장 좋고 흰 밥을 싸 먹는 것이 다음이다."라는 내용이 나온다. 서울에서는 한강의 명물 웅어를 싸 먹는 것을 최고로 쳤다(박정배 음식 칼럼니스트).

조선 시대 말에 이르러서는 쌈에 기복의 상징성이 다시 부여되어 절식으로 정착되었다. 《동국세시기》에는 "대보름날 나물 잎에 밥을 싸서 먹는데 이것을 복쌈이라 한다."고 되어 있다. 쌈이란 무엇을 싼다는 뜻이 있으므로, 복을 싸서 먹었으면 하는 소박한 기원이 담긴 대보름의 절식이었다(한국민족문화대백과사전).

이렇듯 역사가 깊은 쌈은 오늘날 외식문화의 대부분을 차지하고 있다. 음식점은 물론이고 가정에서도 보편적으로 즐기는 우리만의 음식 문화로 한식의 중심에서 큰 역할을 하고 있다.

쌈은 고기에 부족한 섬유질과 소화 효소를 포함하고 있어 건강에 이로울 뿐만 아니라, 샐러드를 먹는 서양의 음식 문화와는 다르게 영양을 더욱 고르게 섭취할 수 있는 우리만의 전통적인 식생활이다. 따라서 이를 더욱 발전시켜 다양하게 즐겨도 좋을 것이다.

리 솜씨 보유한 민족의 우수성을 알 수 있으며 주변국들로부터 맥적(貊炙)을 최상의 호찬이라 하였다.

• 조선 시대에는 전생서(典牲署)가 있어 소사관직(所司官職)이 제향이나 빈객을 위한 가축 기르기를 담당했다.

한국의 바비큐는 서양의 바비큐와 달리 다양한 기록이 남아 있어, 아주 오래 전부터 각각의 재료에 맞게 세분화되어 발전해왔음을 알 수 있다. 우리 조상들은 재료의 부족과 한계를 넘기 위해 재료를 부위별로 소중히 다뤘으며 그만큼 섬세한 조리법을 사용했다. 최소한의 양념으로 자연의 맛을 거스르지 않으면서도 삶의 지혜가 묻어나는, 최고의 음식 문화로 발전시켜왔다.

구울 적(炙)자는 육(肉)고기를 뜻하는 월(月)과 불을 뜻하는 화(火)의 합자로 '고기를 굽다'라는 뜻을 가진 한자어이다. 영어로는 Barbecue, Barbacoa, Roast 라고 표현할 수 있다. 이러한 구이는 우리나라 음식에 관한 여러 문헌에도 다양하게 나와 있다. 구이의 재료로는 소, 돼지, 닭, 염소, 토끼, 사슴, 참새, 오리, 거위 등의 수조육류와 여러 가지 어패류 및 경채류, 과채류 등을 이용했다.

고려 시대는 숭불 사회로 수렵이나 도살을 즐기지 않았다. 제24대 원종 2년에는 각 도의 안찰사에게 "왕은 인심을 금수에까지 베풀어야 하니 고기 반찬을

맥적

상고 시대 한민족은 수렵을 숭상하고 양축에 힘썼으므로 곡류의 조리, 가공뿐 아니라 수조육류의 조리나 가공에도 능숙했다. 한대(漢代)에서는 맥적이라는 고기 요리가 놓여야만 비로소 호찬이라 하였다는 이야기가 있다.

보면 맥(貊)에는 대맥과 소맥이 있다. 동북의 부여계 민족을 가리키는 것이니 맥적은 즉, 우리나라 상고인들의 육류 조리법이고 이것이 중국 한대에 전래되어 그곳에서 애호하고 숭상하는 음식이 되었을 것이라 한다. 맥적을 중심으로 한 식탁을 맥반(貊盤)이라 칭했다고 한다. 요리법으로는 쪄서 익히는 증숙육(蒸熟肉)과 구워서 익히는 적육법(炙肉法) 등을 생각할 수 있다.

올리지 말라."라는 유지를 내렸다. 소 도살 금지령을 내린 적도 있다. 이후 고려와 교섭하던 수렵과 목축에 능한 여진족이나 거란인이 고려에 정착하면서 매사냥에 종사하였고, 과거 천민이 맡았던 도살업에 종사하면서 갖바치(皮白丁)라는 특수한 계층이 만들어졌다. 이렇게 다시 고려에서 고기 음식이 복원되었다. 《고려사열전》에는 꿩, 닭, 따오기, 양, 고니, 오골계, 백마, 곰 발바닥, 표범의 새끼 등 다양한 종류의 육식 재료가 나타난다. 원 나라의 고기 요리도 고려인이 맡아 했다.

조선 시대에는 《도문대작》이나 《증보산림경제》(1766, 유중림)의 기록에 나타나듯 소, 돼지, 산돼지, 닭, 꿩, 토끼, 염소, 개, 거위, 오리, 매, 노루, 사슴, 곰의 발, 표범 등을 바비큐 재료로 사용했다. 궁중 제사, 접대, 사사품 등에 공급하기 위한 수조육류는 전생서, 사축서에서 기르고 잡는 일을 맡아 하는 전담 부서가 있었다. 《만기요람》에 보면 전생서에서는 황소 3마리, 검은 소(黑牛, 살이 많아서 식용에 적당) 28마리, 양 60마리, 염소 14마리, 돼지 330마리를 항상 길렀고 사육서에서는 각종 가축을 길러 상비하고 있었다(양을 식용으로 많이 이용).

《관북기사》에는 산채와 함께 노루, 사슴, 산양, 산돼지, 표범이 명물이었다는 내용이 나오고, 《도문대작》에는 웅장(熊掌, 곰의 발) 요리는 회양(淮陽), 의주(義州), 희천(熙川)에서 잘하고, 사슴혀(鹿舌)는 회양 사람, 표태(豹胎)는 양양(襄陽)의 요리인(膳夫)이 잘한다고 나와 있다. 이는 일부 산악 지역에서 특수육이 발달했음을 보여준다.

정리하면, 한국의 바비큐 문화는 아시아, 아프리카를 중심으로 한 호모 에렉투스(Homo erectus)에 의한 인류 최초의 화식에서 시작한 최초의 조리법이다. 우리 민족은 《삼국지 위서 동이전》과 《한서동이전》에 기록되기 훨씬 전부터 다양한 바비큐 문화를 전래시켜왔다.

처음에는 원시적 형태의 통바비큐에서 시작된 것이, 재료의 한정성으로 인해 부위별로 섬세하고 다양한 양념을 활용한 바비큐 문화로 발전했다. 훈연 및 훈제는 물론 염장가공 기술까지 일반 가정에서 실시되었고 재료로는 수조육류는 물론 숯을 이용해 살균과 탈취까지도 노렸다.

　욕심이 없는 우리 조상들은 이 땅에서 나는 적은 재료를 현명하게 배합하여 음식에 대한 예와 생존 본연이라는 목적에 어긋나지 않게 정갈한 방법을 이용하여 음식을 조리해왔다. 또한 고기 요리에 반드시 식초를 사용했는데, 이는 서양에서 고기 요리에 식초를 필수적으로 사용하는 것과 동일하다.

　다양한 기록에 나타나 있는 한국의 구이 문화를 살펴보면 다음과 같다.

《증보산림경제》로 살펴보는 구이 문화

고기구이　기름, 간장, 소금으로 간을 하고 밀가루를 발라 구워 속이 부드럽고 촉촉하다. 겉은 밀가루의 구수함과 숯불의 은은함으로 더할 나위 없는 최상의 구이다. 밀가루를 입혀 타지 않게 자주 뒤집어 구웠다는 내용이 나오는데 이를 통해 당시 구이 문화가 상당히 대단한 경지에 이르렀음을 알 수 있다. 즉, 기름, 간장, 술, 식초를 이용해 조미하고 꼬챙이에 꽂아서 구웠음을 알 수 있다. 조미에는 세물이라고 하는 파, 마늘, 후춧가루 주로 썼고 재료로는 각종 수조육류를 사용했다.

> "고기를 구울 때는 꼬치에 꽂아 탄화(炭火: 숯불, 불꽃이 삭은 불) 위에서 굽는다. 기름, 간장, 소금, 세물료(파, 후추 등)에 술, 초를 섞어서 밀가루죽에 섞은 것을 바른다. 다 구워질 때까지 멈추지 말고 부지런히 손으로 뒤집는다. 다 익으면 밀가루 껍질을 벗긴다."

　종류로는 설야멱방(雪夜方), 잡산적(雜散炙), 장산적(醬散炙), 우심적(牛心炙), 우미적(牛尾炙), 산저육적(山猪肉炙), 적아저(炙兒猪), 양조적(羊助炙), 양이적(羊耳炙), 양설적(羊舌炙), 녹육적(鹿肉炙), 수계적(秀鷄炙), 적비자계(炙肥雌鷄), 적치법(炙雉

法), 아압적(鵝鴨炙, 거위나 오리), 적마작법(炙麻雀法, 참새), 적안법(炙雁法, 기러기) 등이 있었다.

- 설야멱(雪夜): 쇠고기는 너비 2마디, 길이 6~7마디, 두께는 손바닥만 하게 저며 칼등으로 두드리고 꼬챙이에 꽂아 소금, 기름, 간장(때로는 술, 식초도 사용)을 발라 앞에서 언급한 요령으로 굽는다. 간장이 싫다면 소금으로만 간을 한다. 고려 시대의 명물로 지금의 제수용 육적과 크기나 다루는 방법에서 동일하다. 여기에는 마늘즙을 조금 섞으면 더욱 연하다. 그러나 사람에 따라 그 냄새를 싫어하기도 하므로 주의한다. 고기가 잘 익었을 때 냉수에 잠깐 적셨다가 급히 건져 다시 굽는다. 이렇게 보통 세 번을 진행한다. 여기에 참기름을 바르면서 재차 구워도 고기가 연하고 맛이 좋아진다.*
- 잡산적(雜散炙): 안심살, 염통, 간, 양(소의 위), 천엽 등을 섞어 꼬챙이에 꿰어 구운 것이다.
- 장산적(醬散炙): 잡산적과 같은 방법으로 만든 것을 바싹 말렸다가 다시 단간 장, 막장, 고추, 천초를 섞어 바르면서 와인색이 나도록 굽는 것이다. 현존하는 장산적은 다진 고기를 판상으로 구워 다시 간장, 설탕, 기름에 졸인 것이다. 오늘날의 장산적과 위의 것을 비교하면 둘 다 저장성이 있는 밑반찬이라는 점이 비슷하다. 아마도 이러한 점에서 장산적이란 요리명이 이어진 것이 아닌가 한다.
- 우심(牛心), 우족(牛足), 우미적(牛尾炙): 소의 염통이나 쇠족 또는 쇠꼬리로 일단 삶아 익힌 다음 양념장을 발라 굽는다.
- 수계적(秀鷄炙): 통닭의 배 안에 간장, 기름을 바르고 봉해서 축축한 짚으로

---

* 마늘이나 식초를 사용하는 것은 오늘날에도 최고로 섬세한 기술로 꼽히는 방법이다. 특히 찬물에 담 갔다가 다시 세 번 굽는 것은 당시 어느 나라에서도 찾아보기 힘들었던 고급 기술이다. 이 기술을 아이 싱(Icing)이라고 명명하고, 아주 오래전부터 이러한 기술을 사용했던 우리 조상의 요리 솜씨에 감탄이 나 온다.

《증보산림경제》의 다양한 납육법

납육은 소금에 절인 돼지고기를 일컫는 말로, 납일에 한 해의 농사 및 그 밖의 일을 여러 신에게 고하는 제사를 지낼 때 쓰는 산짐승의 고기를 뜻하기도 한다. 또는 약에 쓰려고 납일에 잡은 산짐승의 고기를 의미하기도 한다.

납육은 납일 전 10일경에 염장한 돼지고기를 다시 훈제한 가공식품으로, 오늘날의 햄 가공과 같은 원리에서 훈연 과정을 진행한다. 산돼지, 쇠고기, 양고기 등이 다 쓰였으나 특히 산돼지고기를 선호한다.

납육이 이루어지는 훈연실에 관해서는 자세한 자료가 남아 있지는 않지만 연정실(烟淨室)에 걸어두었다가 10일 후에 꺼냈다는 내용이 남아 있다. 혹은 "부엌 위에 걸어놓고 겻불 연기를 조금씩 쐰다."라는 내용도 있다. 여기서 언급되는 연정실로 미루어볼 때 훈연 과정에서는 아무 연기나 사용하지 않고, 깨끗하고 정화된 연기만을 사용했음을 알 수 있다. 이렇게 양질의 연기를 구하려는 노력은 동서양을 막론하고 바비큐어들에게는 매우 중요한 일이었음을 알 수 있다.

우리 조상들은 훈연의 원리를 일찍부터 익히고 있었다. 이 납육은 먹을 때 삶아 쓰도록 되어 있었는데, 오래된 납육을 끓일 때는 빨갛게 불이 핀 숯덩이 몇 개를 넣으라는 내용이 남아 있다. 아마도 숯을 흡착제로 보고 탈취와 살균을 목적으로 한 행동일 것이다.

- 조납육법(造臘肉法): 상기한 육치선(肉治膳)에 돼지고기 한 근당 소금 한 량을 발라 2~3일에 한 번 뒤적이면서 반 달쯤 절여두었다가 좋은 초를 섞어 다시 1~2일간 담갔다가 물로 씻어 20일쯤 훈연실에 둔다. 훈연실에서 반건·반습되었을 때 종이로 잘 싸놓는데, 보관할 때는 항아리에 마른재(乾灰)를 한 켜 깔고 고기 싼 것을 한 켜씩 채워 시원하게 두되, 먹을 때는 쌀뜨물로 일단 끓인 후 다시 맑은 물로 끓여 먹는다.
- 납육별법(臘肉別法): 초와 술을 소금에 함께 섞은 것에 고기를 절인다. 염장이 끝나면 건져서 끓는 물에 한소끔 끓여 기름장을 발라 훈연실에 10여 일간 두었다가 재차 절인다. 이때 밀납, 술지게미, 술을 발라 다시 눌러두고 그다음에 훈제한다. 첫 번째로 절일 때는 소금을 적게 쓰며, 술과 술지게미에 다시 눌러둔다. 하지만 소금량이 적어도 변질은 없었을 것이며, 전자의 경우보다 맛이 좋았을 것이다.
- 사시납육법(四時臘肉法): 고기를 잘게 토막 내어 단기간(2~3일) 절이는 방법이다. 돼지고기의 기름을 빼고 새끼손가락 두 개 크기만큼 썰어 소금과 양념에 반나절가량 절인다. 이것을 꺼내어 고기 한 근에 납수에 소금 네 량을 섞은 것을 이틀 밤 담근다. 이렇게 하면 색과 맛이 다른 것과 비교할 수 없을 만큼 좋아진다. 납수(臘水) 또는 납설수(臘雪水)는 한 겨울에 내린 눈이 녹은 물로, 살균의 효과가 있다고 전해진다. 이 같은 훈연은 어포에도 적용되어 경북 오십천 지방에는 그곳의 명물인 은어 훈제를 4~5대째 계속하기도 했다. 시설은 극히 원시적이었으나 이러한 기록을 통해 식품의 훈제가 가정에서 가공·실시되었음을 확인할 수 있다.

몇 겹을 동여 매거나 진흙을 발라 모닥불에 파묻어 굽는다. 살찐 닭을 구울 때는 쌀뜨물에 담그면서 굽다가 기름, 간장, 후추를 발라 마감 구이를 한다.

- 아저적(兒猪炙): 어린 돼지를 구운 요리로, 양념을 하되 구울 때는 특히 돼지의 기름을 바르면서 굽는다.
- 동아증견법(冬瓜蒸犬法): 개고기를 기름, 소금, 간장, 술에 조미하여 큼직한 동아 속에 가득 채우고 뚜껑을 덮은 다음 소금과 진흙 갠 것을 주위에 두껍게 발라 모닥불에 묻어 굽는 방법이다.
- 우두적(牛頭炙): 쇠머리를 토막 내어 기름장에 볶다가 증견법처럼 박 속에 담고 구워 익힌다. 동아증견법을 이용하거나 우두적을 구울 때는 겻불을 피우고 그 불 속에 파묻어 하룻밤 동안 굽는다. 이러한 구이법은 오늘날 전남 장흥 농가에 남아 있으며, 해소병에 약효가 있다고 해서 보신용이나 약이성 음식물을 만드는 방법으로 알려져 있다.
- 마작적(麻雀炙): 참새의 뼈를 빼고 등을 붙여 갈라 두들겨 편편히 하고 꼬챙이에 꽂아 기름, 소금에 굽는다.

이 밖에도 양육(羊肉), 양이(羊耳), 양설(羊舌), 토끼, 메추라기, 사슴 고기 등을 모두 앞에서 설명한 방법에 따라 구웠다.

생선구이 긴 꼬챙이를 생선의 입부터 세로로 꽂아서 굽는다. 소금, 간장, 기름, 술로 조미하는데 비린내가 많이 나는 생선에는 생강을 쓴다. 각종 어패류가 쓰인다. 그중 별미인 것만 살펴보면 다음과 같다.

- 붕어적(魚炙): 비늘이 맛이 좋으므로 떨어지지 않도록 냉수를 바르면서 굽다가 기름과 장을 바른다.
- 복어적(鰒魚炙): 전복을 저며 그 껍질에 다시 담아 기름과 장을 바르면서 굽는다.

- 해적(蟹炙): 게의 살과 장(황고, 黃膏)을 모두 꺼내 녹말가루나 밀가루에 섞어서 대나무통을 쪼개어 속에 담고 다시 동여매고 봉해서 찐 다음 꺼내서 꼬챙이에 꽂아 구워서 산적으로 만든다.

채소구이　채소구이 채소류를 구울 때는 죽순, 가지, 동아 등을 저며서 단독으로 굽거나 두 가지를 섞어 꼬챙이에 꿰어 굽거나 기름에 지져서 익힌다. 걸쭉한 즙액을 얹으며, 이러한 요리를 '누르미'라고 한다. 누르미는 17세기경까지 많이 먹었으나 《규합총서》에는 언급되지 않는다. 종류로는 죽순적, 가지적, 파적(움파), 마늘쫑적(蒜炙), 당귀적(當歸炙), 목두채*적(木頭菜炙), 송이적, 더덕적, 도라지적, 유산중송이방(遊山蒸松茸方), 유산중궐방(遊山蒸蕨方) 등이 있다.
　죽순, 가지, 움파, 마늘동, 당귀, 두릅, 송이, 더덕, 도라지 등을 단용으로 또는 고기를 섞어서 꼬챙이에 꽂아 기름, 장이나 또는 기름, 장에 밀가루 섞은 것을 바르면서 굽는다. 이렇게 꼬챙이를 꽂아 적으로 만든 것을 산적이라 하는데, 이 산적 중에서도 죽순산적, 두릅산적에는 즙액을 얹었다. 산적법은 지금까지 그대로 이어지고 있다.

- 유산적이(遊山炙茸): 송이를 굴참나무 잎으로 백 겹 싸거나, 박잎으로 싸서 진흙을 발라 모닥불에 묻어 구워서 소금이나 간장에 찍어 먹는다.
- 유산적궐(遊山炙蕨): 암꿩 뱃속에 고비를 가득 채워 진흙으로 두껍게 봉하고 장작불에 한두 시간 구운 후 꺼내어 초장에 찍어 먹는다. 이때 반드시 꿩을 써야 하며 닭으로 대신할 수 없다. 유산적이나 유산적궐은 요리명처럼 산을 들다 산간에 있는 송이나 고사리를 따서 즉석에서 구워 먹는 요리법이다.

---

* 두릅나무의 어린 순

《정조지》로 살펴보는 구이 문화

정조 22년(1798)에 발간된 서유구의 《정조지》에 기술된 구이 요리는 대부분 《증보산림경제》와 동일하지만 전철(煎鐵)에 굽는 적 요리가 새롭다. 전철에 굽는 적 요리를 할 때는 전립투(氈笠套)라는 냄비를 썼다.

> *"냄비 이름을 전립투라 한다. 그 모양이 투구 모양과 흡사하므로 취해진*
> *이름이다. 가운데 소채를 담고 가에서 고기를 굽는다. 술안주와 밥 반찬*
> *으로 모두 좋다."*

이 냄비는 중앙에 국물을 담을 수 있고, 가장자리에 고기를 구울 수 있으며, 중앙에 가늘게 썬 파, 미나리 등 채소류를 끓이고, 가에 얇게 저미거나 가늘게 썬 고기에 기름을 발라 구울 수 있었다. 《정조지》에는 꿩고기구이(雉肉炙), 닭고기구이(鷄肉炙), 사슴고기구이(鹿肉炙), 양고기구이(羊肉炙), 노루고기구이(獐肉炙)에 모두 전철적을 쓰고 있다고 되어 있고, 이것이 대단히 성행했던 것이라고 하며 그 모습을 다음과 같이 묘사하고 있다.

> *"여러 가지 양념을 넣고 기름, 간장, 물을 섞어 풀을 쑤어 바르기도 한다.*
> *한 그릇이면 세 사람에게 대접하*
> *기 좋다. (중략) 쇠고기를 2~3치*
> *길이로 썰어서 기름, 간장, 깨소*
> *금에 무쳐 대꼬챙이에 꽂아서 넓*
> *직하게 만들어 굽는다. 소적(笑*
> *炙)은 고기에 화살 꽂 듯한다고*
> *(竹矢) 하는 뜻에서 소적이라 한*
> *다. 화로불 위에서 뒤집으면서 익*

ⓒ 국립민속박물관

전립투

히는데 (중략) 다 구운 다음 장으로 간을 하여 갱을 끓인다. 따라서 장소
적이라고도 한다."

이러한 내용을 통해 여럿이 모여 앉아 고기를 굽거나 국물을 끓이면서 음식
을 즐기는 모습을 상상할 수 있다. 이 책은 다시 "전철 또는 전립투는 본래 일
본에서 온 것이다. 지금 나라 안에 퍼져 있다."라고 하며 이것이 일본에서 전래
된 것임을 짐작하게 한다.

《규합총서》로 살펴보는 구이 문화

순조 9년(1809)에 발간된 빙허각 이씨의 《규합총서》에는 설야멱적과 생선구이법
이 기록되어 있다. 설야멱적은 앞서 다룬 것과 그 내용이 같으며, 생선구이법에
관해서는 여러 가지 생선 다루는 요령만을 상술하고 있으며 구체적인 구이법
으로는 붕어와 게를 굽는 법만 적혀 있다. 그 내용을 정리하여 살펴보면 다음
과 같다.

- 생선구이: 긴 꼬치로 생선을 꿰어(입에서부터 꽂음) 불에서 멀리 들고 구워 즙
  액이 흐른 다음 토막을 쳐서 다시 구우면 맛이 좋다.
- 붕어구이: 비늘을 붙인 채로 냉수를 바르면서 굽다가 기름장을 발라 다시 굽
  는다. 비늘이 붙은 채로 속까지 잘 익게 하려는 것으로 해석된다.
- 게장구이: 생게의 장고 다릿살, 즙을 모아 생강, 파, 후춧가루로 조미하고 녹말
  이나 밀가루로 엉기게 한 것을 바닥이 막힌 대나무통(반으로 자른 다음 다시 동
  여 매서 만듦)에 담아 삶은 다음 꺼내 썰고 꼬치에 꽂아 다시 굽는다.
- 꿩고기구이: 꿩고기를 구울 때는 물에 적신 백지에 틈이 없도록 꼭 싸서 굽
  다가 반쯤 익은 후에 종이를 벗기고 기름장을 발라 다시 굽는다.

《음식디미방》으로 살펴보는 구이 문화

현종 11년(1670)에 발간된 안동 장씨의 《음식디미방》에는 동아 누르미, 가지 누르미, 대구 껍질 누르미, 개장국 누르미, 개장꽂이 누르미, 닭구이, 생치구이, 해삼적, 동아적, 연근적 등의 조리법이 수록되어 있다.

구이 관련 내용을 살펴보면 닭은 내장을 빼고 깨끗하게 손질한 후 먼저 소금으로 간을 하여 물을 바르면서 굽다가 도중에 기름, 장을 다시 바르면서 구웠다. 닭을 구울 때는 하루 전에 잡은 닭에 물을 담아 매달아두었다가 썼는데, 이는 고기를 연하게 하기 위함이었다. 대합은 조갯살에 기름, 간장으로 간을 하고 껍질에 담아 파를 송송 썰고 얹어서 구웠다.

구이뿐만 아니라 여러 가지 채소로 누르미를 만들었다는 기록도 나온다. 누르미란 녹말을 풀어 걸쭉하게 만든 즙액을 얹은 요리를 일컫는 말이다. 누르미 즙액으로는 생치즙이 쓰였고 간장, 막장, 기름, 후추, 천초 등으로 조미했다고 한다. 이러한 방법은 《음식디미방》에는 많이 소개되어 있지만, 《증보산림경제》에는 드문드문 나오고, 《규합총서》에는 전혀 등장하지 않는다. 다만 꼬챙이

《음식디미방》에 나타난 누르미 조리법

구분	내용
동아 누르미	동아 저민 것에 다진 고기, 채소류를 후춧가루에 무쳐서 도르르 말아 꼬챙이에 끼워 중탕으로 찌거나 기름에 지져서 즙액을 걸쭉하게 만들어 부어 쓴다.
가지 누르미	가지에 단간장, 기름, 밀가루를 얹어 굽고, 간장국에 기름, 파, 밀가루를 넣어 만든 즙액에 썰어 담는다.
대구 껍질 누르미	대구 껍질에 고기, 채소를 후추, 천초에 무친 것을 말아 밀가루를 갠 것으로 가장자리를 붙여 기름에 지지거나 삶아 생치즙에 밀가루를 풀어 만든 즙액을 얹는다.
개장꽂이 누르미	살짝 삶은 개고기를 저며 기름, 간장, 후추에 조미하여 꼬챙이에 꽂아 굽고, 여기에 생치즙, 건장(막장), 후추, 천초, 생강, 밀가루를 끓여 즙액을 만들고 얹어서 대접한다.

무용총 고분 벽화 접객도 속 칼을 든 동자

에 꿰는 풍습만은 같다. 아마도 현존하는 누름적(여러 가지 채소를 꼬챙이에 꿰어 굽거나 밀가루와 달걀에 무쳐 기름에 지진 요리)이 바로 이 누르미에서 변형된 것으로 생각된다.

《고사통》으로 살펴보는 구이 문화

1943년에 발간된 최남선의 《고사통》을 보면 "서구의 목축인들이 고기를 염장했던 것과 달리, 상고 시대 사람들은 수렵으로 얻은 고기를 기름, 장, 술 등으로 양념을 해서 즉석에서 구운 것으로 추정한다."라는 내용이 나온다. 이로 미루어볼 때 청동기 시대부터 사용한 시루나 삼국시대 이전부터 사용한 솥의 발명으로 고기를 찌거나 삶기 시작했을 것이다.

그런데 고구려의 무용총 고분 벽화 〈접객도(接客圖)〉를 보면, 무릎을 꿇은 동자가 손에 작은 칼을 쥐고 있다. 즉, 상고 시대에는 고기를 통으로 쓰거나 큰 토막으로 다루어서 이것을 먹을 때 식탁용 칼이 필요했을 것이다.

바비큐 문화의 발전

우리나라는 과거 농업 국가로서 농사에 쏟는 관심이 지대했다. 이러한 환경 속에서 다양한 곡물 음식과 고기 음식, 그리고 채소와 과일 음식이 동시에 다양하게 발달하고 있었다는 점이 우리나라 음식 문화의 큰 특징이다.

한국에서는 얇게 썬 쇠고기를 마리네이드해서, 일반적으로 테이블 중앙에 위치한 화로 불고기판(Korean barbecue grill) 위에서 굽는다. 영어권에서는 불고기를 히바치(Hibachi)에 굽는다고 표기해놓은 곳이 많은데, 이는 일본의 무쇠 화로 형태의 바비큐 기구를 말하는 것이지 한국에서 불고기를 요리하는 화로를 뜻하는 것은 아니다. 우리나라는 전통적인 바비큐의 역사가 깊으며 다른 나라가 따라 할 수 없을 정도로 섬세하다.

현재 일본을 비롯한 아시아 국가들이 보여주는 바비큐에 대한 열정과 발전 속도로 보면, 아시아를 중심으로 바비큐에 대한 새로운 해석과 문화가 만들어질 것이다. 아시아에서 세계적인 바비큐 경기 대회가 열릴 날이 머지 않았다.

중국에서는 바비큐를 할 때 포크 로인(Pork loin)을 마리네이드 하고, 립 또는 오리를 가스 오븐에 걸어서 굽는다. 산타마리아의 바비큐는 쇠고기 트라이 팁(Tri-tip) 스테이크로 오픈 톱 그릴(Open top grill)에서 참나무를 이용하여 굽는다. 켄터키 바비큐는 오픈된 불꽃 위에 큰 주철 솥을 놓고 스튜를 끓인 후 그 안에 양고기와 다른 고기를 찐다.

이외에도 오픈 피트 바비큐(Open pit barbecue), 클로스 피트 바비큐(Closed pit barbecue), 서던 바비큐(Southern barbecue), 컴페티션 바비큐(Competition barbecue), 가스 파이어 레스토랑 바비큐(Gas fired restaurant barbecue), 스모크 로스팅(Smoke roasting), 그릴링(Grilling), 산타 마리아 바비큐(Santa Maria barbecue), 켄터키 바비큐(Kentucky barbecue), 스피트 로스팅(Spit roasting), 멕시칸 바바코아(Mexican barbacoa), 코리안 바비큐(Korean barbecue), 차이니스

바비큐(Chinese barbecue), 아르헨티나 아사도(Argentina asado), 브라질리언 추하스코(Brazilian churrasco), 재페니즈 야키니쿠(Japanese yakiniku), 세인트 마르턴 롤로(St. Maarten lolo), 인디언 탄두리(Indian tandoori), 그리크 아르니 클래프티코(Greek arni kleftiko), 타이 사테이(Thai satay), 사우스 아프리칸 브라이(South African braai), 하와이안 이무(Hwaiian imu), 사모안 우무(Samoan umu), 뉴질랜드 항이(New Zealand hāngi), 아사도(Asado) 등 세계에는 다양한 형태의 바비큐*가 존재한다.

150만 년 전, 최초의 화식에서 시작된 바비큐는 당시 인류에게 생존의 근간이 되었다. 바비큐는 지금까지도 변함없이 이어지며 오늘날에는 좀 더 진보된 형태의 스포츠로 발전하고 있다. 바비큐는 인간의 생존과 밀접한 행위에서 엔터테인먼트 장르로까지 발전하였으나, 생존의 이유로 시작되었던 태초의 의미를 벗어나 사치와 향락, 낭비와 과시로 인해 타락하는 일은 없어야 한다.

음식이 사치로 흐르고 낭비와 과시로 소비될 때, 다른 한편에서는 하루에 한 끼도 먹지 못하고 굶어 죽는 사람들이 존재함을 기억하자. 음식이 생존이라는 의미를 떠나 어긋난 길에 접어들면, 인간은 그 이상의 대가를 치러야 함을 명심해야 한다. 생존의 근간인 음식은 인간의 존엄과 영속성을 지켜나가는 숭고한 가치의 실현 외에 다른 이유로 소비되어서는 안 된다.

한정된 자원인 식량은 누구도 독점할 수 없으며, 그것을 빌미로 누군가를 굴복시킬 수도 없다. 식량의 부족으로 인간의 존엄성이 유린당하고 누군가가 삶의 끈을 놓아야 하는 불행한 일은 지구상에서 사라져야 한다.

바비큐어들은 매사 사명감과 궁휼한 마음으로 신중하게 행동해야 하며 서로 나누고 즐기는 가운데 우리가 살아가는 공동운명체에 대한 본능적 연민과 한없는 애착을 가져야 할 것이다.

---

* 바비큐와 관련된 여러 가지 장비와 의견, 방법이 있지만, 모두가 입을 모아 말하는 한 가지 공통점은 바로 열과 연기이다. 모든 바비큐는 재료를 순수한 연료의 열과 순도 높은 활엽수의 잘 말린 속살로 만든 훈연제의 연기를 이용해서 요리하는 것이다.

바비큐와 관련된 다양한 생각

바비큐 전통주의자

바비큐 전통주의자(Barbecue Traditionalist)라고 하는 이 하드코어한 순수주의자들은 손으로 구덩이를 파고 나무불(Live fire)이나 잉걸불 등 오로지 전통적인 방법만으로 바비큐를 행하고 전파한다. 그들은 항상 자기만의 럽이나 몹(mop), 소스를 직접 만들어 쓴다. 하지만 실제로 그렇게 하는 사람들을 만나기는 쉽지 않다.

바비큐 현대주의자

바비큐 현대주의자(Barbecue Modernists)들은 스스로를 순수주의자라고 부른다. 전통을 중요하게 생각하지만 연료는 숯을 쓰고 기구로는 커다란 금속 그릴을 사용한다. 심지어 럽과 소스를 구입하기도 한다.

바비큐 후기 현대주의자

전통주의자나 현대주의자들의 눈에 바비큐 후기 현대주의자(Barbecue Post Modernists)들은 제정신이 아니다. 이들은 디지털 온도계, 온도 조절 장치, 텍사스 클러치(Texas crutch), 나무 팰릿, 주사(Injector)를 사용하고 가스나 전기 쿠커를 사용하기도 한다.
전통을 존중하지만 혁신을 두려워하지 않는 부류다. 그들은 할 수 있는 모든 방법을 바비큐에 동원한다. 음식 만들기는 재미있어야 하고 뒤뜰에서나 부엌에서 또는 침실에서까지 규칙에 얽매이지 않아야 한다고 생각한다.

기타 다양한 생각

- 근본주의자(Fundamentalist)들은 활활 타는 불에서 재료를 굽는 것을 기본으로 한다 (Live fire).
- 수정주의자(Revisionist)들은 큰 덩어리의 재료를 낮고 느린 스모크 로스팅으로 요리한다(Low & slow smoke roasting).

2
바비큐 기초

바비큐 열원 / 바비큐 화덕 / 바비큐 그릴
훈연과 훈제 / 요리용 장작 / 연기 / 오프셋 스모커

RARB

FCUF

2
바비큐 기초

바비큐란 인류 최초의 요리법으로 취식할 수 있는 모든 재료를 구워 먹는 요리나 행위, 음식의 총칭이다. 또한 인간과 동물을 구분 짓게 한 중요한 계기이기도 하다.

바비큐는 열과 연기를 이용하여 태초의 맛인 훈연(Smoking)이나 훈제(Smoked)의 과정을 거쳐 재료에 풍미를 더하는 것이다. 가급적 재료 특유의 질감이나 맛, 향, 간을 그대로 느낄 수 있게 만들기 때문에 수백만 년 동안 변하지 않은 풍미를 가지고 있다.

이 장에서는 각 대륙이나 인종·민족별로 다양하게 발전해온 인류 최초의 요리법인 바비큐를 할 때 필수적으로 알아야 할 기초 지식을 살펴보도록 한다.

바비큐의 재료

- 수조육류: 쇠고기, 돼지고기, 닭고기, 양고기 등 식용 가능한 모든 육·해·공·민물 고기류 등
- 채소류: 피망, 파프리카, 마늘, 양파, 호박, 가지, 감자, 고구마, 옥수수 등 식용 가능한 모든 채소류 등
- 과일류: 사과, 파인애플, 귤, 오렌지 등 식용 가능한 모든 과일류 및 사람이 취식할 수 있는 모든 재료

바비큐 열원

바비큐 열원(Heat source)으로는 건열인 전기, 가스, 태양열 등과 습열인 숯, 브리켓, 장작, 지열, 심지어 화산열이 사용된다. 열과 연기를 이용하는 특성상 야외에서 이루어지는 경우가 많으며 실내 요리보다 열원을 다양하게 사용한다.

바비큐는 어떤 열원을 사용하느냐에 따라 맛과 풍미가 달라진다. 좋은 열원의 선택은 바비큐어들에게 매우 중요한 일로, 각 열원의 장단점을 알고 나에게 맞는 최적의 열원을 선택할 줄 알아야 선수로서 한 단계 도약할 수 있다.

브리켓

엘스워스 조이어(Ellsworth Zwoyer)는 1897년에 일명 '조개탄'이라고 하는 바비큐 전용탄인 브리켓(Briquette)의 특허를 냈다. 브리켓은 바비큐에 최적화된 압착 성형탄이다. 숯가루, 잡목, 무연탄, 훈연제, 착화제 등을 섞어 형틀에 넣고 전분 같은 결착제를 이용하여 모양을 내어 압착 성형 건조한 연료로 열량이 좋고 일정하여 화력 조절이 쉬우며 습열의 기능도 있어 재료를 굽기에 좋다. 재료를 부드럽게 익힐 수도 있다.

하지만 제조 과정상 정제되지 않은 재료가 포함되어 초기 점화 시 불쾌한 냄새가 날 수 있으며, 바비큐어들에게 좋지 않은 양향을 미치므로 선택*과 사용에 신중해야 한다. 가급적 완전히 점화되어 윗부분까지 하얗게 변하고 냄새는 물론 유해 성분이 완전히 사라졌을 때 사용하는 것이 좋다.

---

* 가장 좋은 바비큐 전용탄은 순수한 경목의 숯과 전분만으로 이루어진 바비큐 전용탄(Pure hardwood charcoal briquette)이다.

일설에는 1920년대에 헨리 포드와 토머스 에디슨, 킹스포드가 포드의 디트로이트 공장에서 자동차를 만들다 남은 다량의 톱밥과 나무 조각으로 이것을 만들었다고 한다. 당시 자동차를 만들기 위해서는 나무가 많이 사용되었기 때문이다. 포드는 세계에서 가장 저렴한 차를 만들었을 뿐만 아니라 뒤뜰에서 바비큐를 좀 더 간편하게 즐길 수 있는 새로운 산업을 창조해냈다.

브리켓은 일관적인 열량을 제공할 뿐 아니라 요리할 때 온도와 맛을 제어할 수 있는 통제가 쉬워야 한다. 이것은 매우 중요한 부분이다. 혹여 요리 과정에서 발생할 수 있는 변수를 제거해야 하기 때문이다. 따라서 일관된 브랜드를 선택하는 것이 좋다. 그리고 사용하면서 특징을 연구하여 다른 브리켓을 선택했을 경우에도 통제할 수 있을 때가지 오랜 시간 고수해야 한다. 스스로 컨트롤할 수 있는 연료 선택이 그만큼 중요한 것이다.

숯

숯(Charcoal)은 나무를 섭씨 1,000℃ 이상 고온 가마에 구워 물과 휘발성 물질을 날려 얻은 순수한 연료로, 도자기를 굽듯 가마에서 정성으로 구워낸 국내산 참나무 숯이 가장 우수하다고 알려져 있다. 산지에 따라 다소 차이가 나지

숯과 브리켓의 차이

구분	숯	브리켓
성분	순수한 탄소	무연탄, 숯, 전분, 질산나트륨, 석회암, 붕사 및 톱밥
열량	높음	낮음
연소시간	짧음	긺
형태	자연목탄 상태	성형탄
탄화 후 성상	완전연소 시 재가 적음	비가연성 재료로 인한 재가 많음

만 서양의 숯과는 재료 및 제조법이 많이 다르다.

숯은 매우 부족한 산소로 가마에서 미리 연소된 매우 순수한 탄소이다. 그릴이나 스모커에서 연소될 때 목재나 나무보다 더 뜨겁고 많은 열량을 내면서 연소 부산물을 적게 만드는 특징이 있다.

Charcoal(숯) = Char(목탄) + Coal(석탄)의 합성어

숯이 가장 순수한 열원이라는 데는 이의를 제기할 수 없다. 숯은 오픈 그릴(Open grill)에서는 최고의 열원으로 사용되지만 클로스 그릴(Closed grill)에서는 자체의 예민함으로 인해 열 조절이 쉽지 않아 숙달된 프로 바비큐어를 제외하고는 그다지 선호되는 열원이 아니다. 훌륭한 바비큐어는 지속적인 훈련과 노력으로 최상의 연료를 최고의 테크닉으로 컨트롤할 수 있는 사람이다.

검탄   목탄의 한 종류인 검탄(黑炭)은 참숯이며, 백탄(白炭)에 비하여 굳기·연소 지속 시간이 떨어진다. 하지만 발화점이 250~400℃로 순간 화력이

강하여 난방용·취사용·건조용 연료에 사용되나 현재는 거의 쓰이지 않는다. 제탄 공정 중 정련(精練) 시 최고 700℃ 정도에서 제탄을 멎게 하고, 숯 가마의 입구와 굴뚝을 막고 그 안에서 소화·냉각하여 얻는다.

백탄　백탄(百炭) 가마, 또는 돌 가마에서 처음에는 비교적 저온으로 서서히 탄재(炭材)의 열 분해를 진행하고, 나중에는 가마의 통풍구를 충분히 열어 온도를 1,000℃ 내외로 올려 탄재의 열 분해를 충분히 진행시킨 후 하얗게 달아오른 숯을 가마 밖으로 끄집어내고 소분(消粉: 흙, 재, 숯가루를 섞어 물에 적신 것)을 끼얹어 불을 끈다. 이렇게 하면 목탄의 수피(樹皮)는 거의 없어지고, 회분(灰分) 때문에 겉면이 흰색을 띠게 된다. 이렇게 얻어진 백탄의 탄소 함유율은 90~95%, 회분은 약 2%이다. 이 열원은 단단하고 불이 쉽게 붙지 않으며 화력이 약하나 불이 아주 오래 지속된다. 현재는 연료의 변화로 인해 많이 제조되지 않는다.

백탄은 강력한 열량을 지닌 가장 순수한 탄소의 형태로, 습열의 기능을 하여 재료를 구웠을 경우 촉촉한 질감과 특유의 풍미를 얻을 수 있다. 바비큐어

숯에 관한 올바른 상식

· 숯은 열이다.
· 순도가 높은 숯은 향과 맛이 없고 열량이 높다(나무 연기는 맛).
· 숯에서 맛이 난다면 그것은 숯으로 떨어져 기화된 다른 물질(지방, 설탕, 단백질, 나무, 스파이스 럽, 인젝션, 마리네이드, 소스 등으로 인한 드립)에서 나오는 유해한 성분을 불 맛이나 참숯향으로 착각하는 것이다.
· 착화연료인 메치라이트나 착화제가 첨가된 연료는 사용하지 않는다.
· 좋은 연료를 구하는 일은 바비큐어에게 매우 중요하기 때문에 항상 일관성을 지녀야 하고, 순도가 높고 풍부한 열량과 지속성이 선택의 기준이 되어야 한다.
· 그런 면에서 좋은 연료의 선택은 매우 중요하지만, 바비큐의 최종 품질은 시즈닝(Seasoning), 소스, 쿠킹 온도(Cooking temp), 서빙 온도(Serving temp)의 결과가 숯의 영향보다 훨씬 크다는 것을 명심해야 한다.

들이 가장 이상적인 열원으로 꼽는 것이지만, 뚜껑을 닫고 요리해야 하는 그릴에서 사용할 경우 아주 예민하여 컨트롤이 까다롭다. 국내산 외에도 각종 수입 숯이 많지만 제조 과정상의 신뢰성 문제로 인해 일부 업소를 제외하고는 그리 애용되지 않는다.

카보나이즈 본　　카보나이즈 본(Carbonized bone)은 원래 모양을 가지고 있는 동물의 뼈로 만든 숯이다.

비장탄　　비장탄(Binchotan)은 일본과 베트남 너도밤나무로 만든 전통 숯이다. 표면이 반짝여서 '하얀 숯'이라고 한다. 금속성의 소리가 나고 요리에 풍미를 더하지 않는다. 일본 레스토랑에서 종종 사용되는 고가의 숯이다.

케브라초　　케브라초(Quebracho)는 남미에 서식하는 밀도가 높은 옻나무과의 단단한 나무로 다량의 타닌 성분이 함유되어 있다. 이 나무로 만든 숯은 열량이 좋고 재가 많이 남지 않는다. 파라과이나 우루과이, 아르헨티나

등 남미에서 아사도(Asado)를 만드는 데 주로 사용되는 연료이다.

기타   오노 숯은 하와이의 키위나무로 만들어진 것으로, 시장에서 자연과 유
기농 숯으로 분류되며 정상 브리켓보다 두 배 이상 뜨겁게 연소된다.
아시아에서 분쇄된 코코넛나무 톱밥은 압축되어 직경 3인치의 통나무로 압출
성형되고 탄화되어 브리켓으로 커팅되는데 여기에서 코코넛 맛은 나지 않는다.

장작

잘 마른 통나무 장작(Firewood)으로 주로 화로대나 화덕의 연료로 사용된다.
매우 단단하며 잘 마르고 순도가 높은 활엽수의 속살은 조리용으로도 좋은 열
원이다. 요리용 장작으로 덜 마른 것은 연기가 매우 심하므로 햇볕에 잘 마른
것을 사용하는 편이 좋다.
  장작을 사용할 때는 반드시 껍질을 벗겨야 하며, 상온의 물에 담가 불순물을
좀 더 거르는 정제 과정을 거치기도 한다. 이처럼 요리용 장작은 순도가 높은
것을 얻으려는 노력을 해야 하며, 원목 형태의 단단한 활엽수나 과일나무로 만
들고 연기가 덜 나며 오래 타는 것이 좋다. 대개 참나무 종류가 바비큐어들에
게 선호된다. 명심할 것은 종류를 알 수 없는 조각나무를 사용하지 않아야 한
다는 것이다. 각목이나 건축용 목재는 조리용으로 절대 사용하지 않는다.

번개탄

번개탄은 얇은 연탄 모양의 압착 성형 연료이다. 연탄이 보편적인 난방 취사연
료로 사용되던 시절에 밑불 점화용으로 개발한 것으로, 지금은 일회용 탄으로

인식·사용되고 있다. 인스턴트 연료로 사용하기 편리하여 구이용으로 많이 사용되고 있으나, 제조 과정상 정제되지 않은 재료를 사용한다는 설과 건축용 폐자재, 방부목 등 유해한 성분이 함유되어 있다는 소문 때문에 전문가들은 거의 사용하지 않는다.

열탄

열탄은 톱밥을 압착해서 만든 구멍탄이다. 잡목이나 폐목을 압착 성형한 것으로 가운데 구멍이 있는 것이 특징이다. 요즘에는 품질이 많이 개선되어 업소에서 참숯 대용으로 저렴하게 사용되지만, 전문가들 사이에서는 여전히 사용을 망설이게 되는 연료이다.

팰릿

팰릿(Pellet)은 주로 나무를 작은 알갱이로 압축해서 만든 압축연료이다. 연료용으로 개발되었으나 현재는 요리용으로도 출시되고 있다. 착화 시 정제되지 않은 연기나 그을음이 생기기 때문에 바비큐용으로는 적합하지 않다.

가스

LPG, LNG, 부탄가스 등 종류에 따라 약간의 차이가 있지만 일정한 열량을 내고, 온도 조절이 용이하고, 깔끔하다는 이점 때문에 빌트인 그릴에 많이 사용된다. 이동용 그릴에도 가스를 사용하는 그릴이 출시되고 있지만 그 열의 특징이 건열에 가깝기 때문에 프로 바비큐어 사이에서는 그리 선호되지 않는다. 국내산 LPG에는 누출 사고를 예방하는 차원에서 조향 성분을 넣기 때문에 요리에 사용하면 문제가 될 수도 있다.

전기

전기를 이용한 일렉트릭 그릴(Electric grill)은 건열에 속하며 불꽃이나 연소가스가 생기지 않는다. 우드 칩(Wood chip)을 넣어도 연기의 맛이 다르고 연소가스의 복잡함이 없어 대부분의 음식을 요리하기에 수월하다. 열을 조절하기 용이하고 조리가 깔끔한 것이 특징이나 발열 부분에서 금속 특유의 냄새가 나기도 한다.

기타

바비큐를 하기에 가장 좋은 열원은 참나무, 히코리, 단풍나무 등으로 만든 숯이며, 이 재료들은 세계의 바비큐어들이 선호한다. 이외에도 야자수나 대나무 등 숯으로 가공된 제품이 시장에 나오고 있다. 태양열이나 지열, 화산열 등을 이용하기도 한다. 요즘에는 태양열을 이용한 솔라 그릴(Solar grill)이나 솔라 오

볼칸 그릴

볼칸 그릴(Volcan grill)이란 활화산에 의해 생선된 열을 통해 음식을 요리하는 것을 일컫는다. 모로코 북서쪽 란사로테(Lanzarote)라는 스페인 섬에 위치해 있는 엘 디아블로 레스토랑(El diablo restaurant)에서는 화산열을 이용한 음식을 만들어 파는 곳이 있으며, 지역 및 국가의 유명한 관광상품이 되어 많은 사람들이 찾는 명소가 되었다.

븐(Solar oven)도 개발되어 대중화되고 있다.

바비큐 화덕

최근에는 전원주택의 보급으로 정원에 바비큐 전용 공간을 설치하는 바비큐어들이 늘어나는 추세이다. 여기서는 바비큐 화덕(Barbecue pit smoker, Fire pot)에 관해 알아보고자 한다.

흙

흙(Fireplace by red clay)은 예부터 시골집 앞마당, 또는 부엌에서 조리용 화구로 사용되었으나 지금은 바비큐 전용 그릴로 집 밖에 만들어서 사용하는 경우가 있다. 흙으로 된 화덕은 원적외선이 방출되어 재료를 마르지 않게 하고 음식에 풍미를 더해 익힌다. 하지만 이에 관한 과학적 근거가 미약하고 설치가 번거롭다.

내화벽돌

고온에 견딜 수 있는 내화벽돌(Firebrick)은 화덕을 제작하기에 용이하며, 다양한 형태로 만들어지고 있으며 질감 또한 우수하다. 요즘에는 벽난로용으로도 많이 사용된다.

철판

축열률이 좋은 두꺼운 철판(Iron grill)을 절단·절곡하여 화덕을 만들면, 많은 양의 재료를 구울 수 있으며 그릴의 용도 외에도 훈연이나 훈제 전용으로 사용할 수 있다. 철판으로 된 화덕은 크기와 무게 때문에 이동시키기 불편하지만 많은 인원을 위한 파티 준비에 적합하다.

기타

이외에도 세라믹 등 기타 재료를 사용하기도 한다.

바비큐 그릴

그릴은 열의 대류와 복사·전도를 이용해 재료를 요리하는 기본 장비로 여러

어스 오븐

어스 오븐(Earth oven)은 지열을 이용하는 것으로, 가장 원시적인 형태의 바비큐 시스템이라고 할 수 있다. 나라별·민족별·부족별로 형태가 다양하며 오늘날에는 특별한 날에 사용된다.

대표적인 어스 오븐으로는 피지안 로보(Fijian lovo), 하와이안 루아우(Hawaiian luau), 모리 항이(Māori hāngi), 뉴잉글랜드 클램 베이크(New England clam bake), 사모안 우무(Sāmoan umu), 하와이안 이무(Hawaiian imu), 중앙 아시안 탄두르(The central Asian tandoor) 등이 있다.

가지 과학적 원리에 의해 만들어진다. 재료를 익히는 기구인 만큼 다양한 디자인이 나와 있지만 대류·복사의 원리를 최대한 적용하여 효율을 높이고 싶다면 윗면이 볼록한 둥근 모양의 그릴을 선택하는 것이 좋다.

시중에는 다양한 그릴이 판매되고 있다. 선택의 기준은 개인마다 다르므로 자신의 능력에 맞추어 적당한 것을 선택하는 것이 중요하다. 거의 대부분은 차콜 그릴을 선호하지만, 개인적인 취향을 따르도록 한다. 이를 위해 그릴의 장단점을 알고 선택의 폭을 넓히는 것도 바비큐를 색다르게 즐기는 방법 중 하나일 것이다.

그릴은 직화구이 방식과 간접구이 방식을 모두 사용할 수 있는 것이 좋으며, 어느 정도 두께가 있어 축열률이 높고 외부 온도에 영향을 덜 받는 것이 적당하다. 가격뿐만 아니라 복합적인 여건을 고려하여 자신에게 알맞은 그릴을 선택하는 것도 좋은 방법이다.

시중에서 판매되는 그릴 중에는 전문가의 의견을 구하지 않고 단순하게 만들어 그릴의 기능과 역량이 부족한 제품이 많다. 그렇기에 전문가와 상의하여 적합한 제품을 직접 만들거나 고르는 것도 좋은 방법이다. 앞으로는 프로 바비큐어들이 스스로에게 맞는 그릴을 직접 만들어 사용하게 될 것이다. 또한 그것을 상품화해서 또 다른 시장을 만드는 그릴 디자이너의 역할도 담당하게 될 것이다.

차콜 그릴

차콜 그릴(Charcoal grill)은 숯이나 브리켓 등으로 재료를 굽는 그릴로, 대부분의 그릴이 여기에 해당된다. 크기나 모양은 각각 다르지만 자신의 능력에 맞는 그릴을 선택하면 행복한 바비큐 요리를 할 수 있다.

가장 보편적이며 대중적으로 사용되는 그릴은 견고한 철판에 법랑 코팅이 되어 열 손실을 최소화할 수 있는 것으로, 열의 복사와 대류의 성질을 이용하는 윗면이 둥근 제품이다.

장작 그릴

장작 그릴(Wood grill)은 정제된 나무를 사용하는 것이다. 주로 잘 마른 단단한 활엽수의 속살을 사용하는데, 껍질은 그을음을 유발할 수 있으므로 벗겨서 사용하는 것이 좋다.

장작을 선택할 때는 좋은 것을 고를 수 있는 안목이 매우 중요하다. 최근에는 캠핑을 즐기는 아웃도어 인구가 늘어나면서 석탄과 석유연료 이후 주춤했던 장작 시장이 커지고 있다. 장작을 상품화해서 파는 업소가 증가하는 추세로 예전보다 훨씬 질 좋은 장작이 만들어지고 있다.

지금까지 장작은 연료용과 요리용이 엄격하게 구분되어 있지 않았다. 하지만 앞으로는 다양하고 폭넓게 발전하는 아웃도어와 바비큐 문화에 맞추어 연료용과 요리용 장작의 구분이 반드시 필요해질 것이다. 따라서 이에 맞는 제조 기준을 만들어 국민의 건강권을 챙기는 정책적 운영이 필요한 때이다.

가스 그릴

가스 그릴(Gas grill)은 그리 보편화된 것은 아니지만, 바비큐를 좀 더 쉽게 할 수 있는 전환점이 된 그릴이다. 이 그릴은 바비큐가 지금처럼 인기 있는 음식이 되는 데 기여한 공이 매우 크다. 가스 그릴을 사용하면 준비 작업이 보다 쉬워지고 열 조절이 용이하며 사용 후 정리가 간편하다. 어느 정도 훈연도 가능하다.

하지만 건열의 속성상 재료에 미치는 풍미가 차콜 그릴보다 떨어진다. 가스 그릴은 프로판과 천연가스가 산소와 결합하고 발화하면서 수증기, 이산화탄소, 일산화탄소 등 다른 성분을 만들어낸다. 국내 업소에서 사용하는 대부분의 장치가 바로 이 가스연소 장치이다. 따라서 이를 사용할 때는 풍미를 얻기 위한 훈연장치가 따로 필요한데, 대부분 재료에서 떨어지는 각종 드립을 태우며 소비자들은 이것이 불맛이고 구이 고기 본연의 풍미라고 오해하고 있는 것이 현실이다. 하지만 이것은 건강에 좋지 않은 영향을 미칠 수 있어, 이에 대한 문제가 지속적으로 제기되고 있다. 이와 관련된 새로운 대안을 마련하는 것은 바비큐어들의 사명이라 해도 과언이 아니다.

기타

앞서 언급한 그릴 외에도 전기를 사용하는 오븐 형태의 그릴이나 오픈된 그릴이 있으며, 몇몇이 즐기는 것이기는 하나 위성 안테나처럼 생긴 태양열 집열판을 이용한 그릴도 있다.

전기 그릴은 열을 위해 글로잉 메탈 코일(Glowing metal coil)을 사용한다. 따라서 불꽃이 나지 않고 연소가스가 생기지 않는다. 미식가들은 나무나 숯에서 나오는 연소가스처럼 복잡하고 다양한 풍미를 선호하기 때문에, 이 그릴에서 요리된 음식은 맛이 떨어진다고 느낀다.

훈연과 훈제

훈연(Smoking)*은 짧은 시간에 양질의 연기를 통해 음식에 풍미를 주고 약간의 저장성과 컬러를 얻기 위해 사용되는 요리법이다. 훈제(Smoked)는 장시간 낮은 온도에서 연기를 이용해 음식의 저장성을 높이고 풍미와 컬러를 얻기 위해 사용되는 요리법이다.

훈연과 훈제는 건조, 냉장(동) 저장 기술이 나오기 전부터 염장과 더불어 음식을 보존하고 저장하는 하나의 방법으로 쓰였다. 훈연제는 재료에 풍미를 더해주는 없어서는 안 될 중요한 요소이다. 대체로 잘 마른 활엽수의 속살이 훈연재로 쓰이며 곡식이나 허브, 스파이스 같은 종류도 간혹 쓰인다. 침엽수는 휘발 성분의 기름과 관솔 때문에 거의 사용하지 않는다.

훈연의 유·무해성은 여전히 논란의 대상이다. 이를 감안하여 훈연제는 사용 원칙을 지켜서 사용하며, 사용 전 물에 담가 어느 정도 정제하는 과정을 간과해서는 안 된다.

보편적으로 사용되는 훈연제는 참나무, 벚나무, 사과나무, 포도나무, 복숭아나무, 히코리, 메스킷, 피칸, 체리 등의 경목이며 이를 사용할 때는 반드시 껍질을 제거해야 한다.

활엽수 중 과일과 너트나무를 포함한 낙엽송은 소형셀 구조를 띠어 요리하기에 가장 좋다. 소나무, 전나무, 가문비나무, 레드우드, 솔송나무, 노송나무 등 모든 상록수는 침엽수로, 이 나무들은 풍부한 공기와 자극적인 수액을 가지고 있어서 열량**이 좋아 고기가 빨리 구워지게 해준다. 하지만 요리에는 사용하지

---

* 훈연은 구울 재료가 초기 저온 상태일 때 하는 것이 좋다. 훈연 효과는 온도가 올라가면서 육즙이 빠져 나오고 유막이 형성되면서 약해질 수 있으므로, 미리 재료 표면의 물기를 제거하는 것 역시 중요하다.
** 랩에서 완전히 연소시킬 경우, 나무에서는 파운드당 8,600BTUs 정도의 열량이 발생한다. 질량 중 절반은 이산화탄소, 절반은 수증기로 변환된다. 실제 그릴이나 스모커 안에서 목재는 충분히 연소되지 않는다.

훈연의 종류와 특징

종류	특징
냉훈법(Cold Smoking)	· 3~20℃(평균 7~12℃)에서 실시 · 저온에서 장시간 훈연하기 때문에 중량이 크게 감소 · 생햄, 비가열 소시지 등 비가열 육제품 제조
온훈법(Warm Smoking)	· 20~40℃(평균 30℃)에서 실시 · 제품에 풍미 부여
열훈법(Hot Smoking)	· 40~60℃(평균 50℃)에서 실시 · 저장성보다 향미에 중점을 둔 훈제품
액훈법(Liquid Smoking)	· 0~4℃에서 실시(변패 방지를 위해 저온에서 시행) · 훈연액, 소금 등을 용해한 피클주스에 고기를 담가 염지 · 햄이나 베이컨 제조

않는 것이 좋다.

금방 자른 활엽수는 중량의 최대 50%까지 물을 함유하고 있다. 이것은 연소하는 동안 이취(바람직하지 못한 풍미)와 스팀을 생산한다. 그리고 연소되기 전 그것을 말리기 위해 숯이나 가스로부터 더 많은 에너지를 필요로 한다.

요리하기에 가장 좋은 나무는 자연적으로 태양열을 이용해 공기 건조한 것이다. 어떤 사전에 따르면 연기의 맛은 나무의 종류보다 그들이 성장하는 기후와 토양에 더 많은 영향을 받는다고 한다. 이것은 주목해야 할 중요한 사실이다. 특히 맛을 좌우할 연기를 결정하는 나무라면 더욱 중요하다. 지역이 다른 곳에서 성장하는 동일한 수종의 나무가 같은 곳에서 상장하는 다른 수종의 나무보다 차이보다 클 수 있다는 것이다.

나무는 공역(공기 영역)을 많이 가진 좋은 절연체로 막대기의 한쪽 끝을 불에 대더라도 다른 한쪽 끝이 뜨거워지지는 않는다. 나무는 같은 온도에서도 불균등하게 연소된다.

훈연목

잘 마른 훈연목은 5% 정도의 수분을 함유하고 있고, 셀룰로스(Cellulose) 40%, 헤미셀룰로스(Hemicelluloses) 40%, 리그닌(Lignin) 19%, 미네랄(Mineral) 1%로 구성되어 있다. 다만 이 구성은 나무에 따라 약간씩 달라질 수 있다. 셀룰로스와 헤미셀룰로스는 탄수화물과 당분으로 만들어진 큰 분자이다. 리그닌은 나무를 강하게 하는 복합화합물로 대개 세포벽에서 발견된다.

훈연목에 쓰이는 목재는 산소, 질소, 탄소, 및 수소를 포함하고 있다. 칼륨, 유황, 나트륨, 염소, 중금속도 들어 있다. 이러한 극소량의 미네랄은 연소하는 과정에서 연기가 되어 맛과 향에 상당한 영향을 미칠 수 있다.

훈연목은 경목의 활엽수를 사용하는 것이 좋고, 껍질은 음식 맛에 불쾌하게 작용할 수 있으므로 벗겨서 속살만 사용하는 것이 좋다. 또한 햇볕에 잘 마른 것이 좋다. 올바른 훈연제의 선택은 음식 재료의 선택 못지않게 매우 중요하다.

훈연제

훈연 재료를 용도에 맞게 가공한 것으로 탁구공만 한 것부터 야구공만 한 것이 가장 적당하다. 스테이크, 닭고기, 생선 등 짧게 요리하는 재료에는 작은 칩을 사용하는 것이 좋다. 간단한 연소에 더 많은 연기를 생산하기 때문이다. 훈

스모크 링

스모크 링(Smoke ring)은 바비큐를 하는 과정에서 나타나는 고기의 주홍빛을 뜻한다. 연기 속의 산소와 질소가 고기 속 나트륨과 육색소인 마이오글로빈의 상호 작용에 의해서 생성된다. 이러한 외관을 얻기 위해 인위적인 여타 물질을 사용하는 것은 그리 바람직하지 않다.

소더스트   칩

팰릿   훈연 청크

연제는 반드시 껍질은 반드시 제거하고 훈연제를 만들어 사용한다.

훈연 파우더   훈연 파우더(Smoking sawdust)는 훈연 재료를 톱밥 형태로 가공한 것으로 잘 마른 것을 사용해야 한다. 현재 기성품으로 생산되어 유통되고 있지만 혹 남아 있을지 모르는 유해 성분에 대한 염려와 가공 과정에서 섞일지 모를 기계 기름 등 불순물로 인하여 선택에 신중해야 한다.

처음부터 훈연 재료용으로 위생 가공 과정을 거쳐 제조된 것이 좋으며, 목재 가공 과정에서 부산물로 나오는 톱밥은 사용하지 않는 것이 좋다. 가공 후에는 육안으로 나무의 종류를 알기 어려우므로 가공 전에 반드시 어떤 나무인지 알아두어야 한다.

훈연칩   훈연칩(Smoking chip) 역시 잘 마른 활엽수의 속살을 사용하며 훈연 파우더와 가공 형태만 다르다. 도끼나 칼, 자귀 등으로 나무를 얇은 칩의 형태로 쪼아 만든 것이며 충분히 물에 불려 사용하는 것이 좋다.

훈연제의 종류와 특징

종류	특징
로그(Log)	통나무 상태 그대로 사용하는 것
청크(Chunk)	재료를 탁구공이나 야구공만 한 덩어리로 가공한 것
우드 칩(Wood chip)	재료를 납작하고 얇게 가공한 것
팰릿(Pellet)	목재 연료의 가공 형태로 작은 알갱이 모양으로 압착 가공한 것
소더스트(Sawdust)	톱밥 형태로 가공한 것
비스케트(Bisquette)	재료를 작은 조각으로 만들어 둥근 비스켓 모양으로 성형 가공한 것

※ 로그(Log)에서 소더스트(Sawdust)로 갈수록 순하고 부드러운 연기가 난다. 훈연제에는 습도가 포함되어 있다.

훈연 청크　훈연 청크(Smoking chunk)는 덩어리로 가공되어 있다. 칩이나 파우더와 달리 요리 시작 전에 충분히 불려서 써야 한다. 마찬가지로 껍질은 사용하지 않는 것이 좋다. 아기의 주먹만 한 것부터 어른의 주먹만 한 것이 적당하다.

연기

검은색 연기와 회색 연기는 불씨가 불순물이 연소할 때 산소를 충분하게 공급받지 못하면 생긴다. 이 연기는 음식을 쓰게 하고 그을음을 남겨 재떨이를 연상하게 하는 불쾌한 맛과 냄새가 나게 만든다. 따라서 불꽃이 활활 피어오를 때 재료를 굽는 것은 매우 어리석은 행동이다. 그 불꽃 속에는 수많은 유해한 성분이 섞여 있고 그을음이 재료에 악영향을 미쳐 건강에 좋지 않은 영향을 미칠 수 있다.[*]

---

[*] 바비큐 결과물의 상태를 점검할 때는 위생적인 키친타월을 사용한다. 잘 구워진 재료는 키친타월로 표면을 찍으면 투명한 액체가 묻어나지만, 잘못 구운 재료는 검은색 그을음이 묻어난다. 그을음의 성분은 불완전 연소로 인한 유해물질 등이다.

일반적으로 흰 연기가 부풀어 오르는 때가 착화 시점이다. 연소 과정에서 산소를 많이 필요로 할 때 산소를 충분하게 얻지 못하고 가스가 방출하지 않는 경우 연료는 타고 흰 연기를 생산한다. 흰 연기는 일반적으로 불완전연소 화합물을 가지고 있으므로 흰 연기에 장시간 노출되는 것은 좋지 않다. 그러나 흰 연기가 좋은 음식을 만드는 경우도 있다. 햄버거나 스테이크같이 짧은 시간에 뜨겁고 빠르게 요리하는 경우에는 그렇다. 흰 연기는 짧은 시간에 풍미가 가득한 맛을 내는 좋은 방법일 수 있다.

흰 연기를 만드는 가장 좋은 방법은 산소를 부족하게 하는 것이다. 그래서 포일 패킷(Foil packet)이나 그물망의 스테인리스강 파우치(Stainless steel pouch)를 사용하게 된다.

연기는 단백질, 스파이스, 그리고 소스, 심지어 설탕, 지방을 잔뜩 먹은 육즙이 연료에 떨어져 타 올라오는 것일 수도 있다. 이러한 연기가 나는 것은 프로페셔널 바비큐어들에게 매우 자존심이 상하는 상황이다. 이 연기 속에는 과학적으로 검증된 건강에 해로운 다수의 유해 화합물이 섞여 있을 수 있다.

이러한 현실적 벽에 부딪칠 때 바비큐어는 적지 않은 고민을 하게 된다. 화식이 완벽하게 안전할 수는 없기 때문인 생기는 일인데 그렇다고 하더라도 프로라면 가급적 안전하게 요리할 수 있는 방법을 찾아야 한다.

음식에 따른 재료 사용법

양념과 소스가 무겁지 않은 마일드한 음식에는 앨더(Alder), 사과나무, 체리나무, 포도나무, 메이플(maple), 멀베리(mulberry), 오렌지나무, 복숭아나무를 사용한다.
양념과 소스의 맛이 강한 음식에는 히코리(Hickory), 메스퀴트(Mesquite), 오크(Oak), 피칸(Pecan), 월넛(Walnut), 위스키 배럴(Whiskey barrel)을 사용한다. 가장 바람직한 연기는 푸른색으로 거의 보이지 않는다. 푸른 연기는 로 앤 슬로(Low & slow)로 요리하는 피트마스터(Pitmaster)들에게 성배와 같은, 구하고 싶은 연기다. 숯은 점화되며 화려한 흰 연기를 내뿜는다. 훈연제의 열이 절정에 이르고 완전히 착화되기 전까지는 고기를 올리거나 추가하지 말아야 한다.

바비큐어들에게 연기란 바로 이런 존재이다. 훈연과 훈제를 포기할 수 없다면 취하되 가급적 순도 높은 연기를 얻는 법에 대한 연구를 게을리 하지 말고 보다 안전한 방법을 선택해야 한다. 어찌 보면 이것이 프로 바비큐어의 사명인지도 모를 일이다.

정리해보자. 그리고 사용하는 나무에 대한 집착을 잠시 중단해보자. 어떤 훈연재를 사용하느냐 하는 문제가 바비큐어에게 매우 중요한 것만은 두말 할 것 없는 사실이다. 하지만 고기의 품질, 양념, 마사지, 열 조절 및 조리 온도, 고기온도, 소스 등에 관한 훈련이 훈연제보다 훨씬 맛에 영향을 미친다는 사실을 염두에 두어야 한다. 일단 이런 모든 것을 먼저 통제·숙달하고 난 다음 훈연제에 관한 여러 가지 실험을 하는 것이 바람직한 바비큐 수련법이다.

요리용 장작

요리용 장작(Only cook, Firewood)으로 일반적인 장작을 그대로 사용하는 경우다. 이 경우에는 반드시 껍질을 벗기고 햇볕에 잘 마른 것을 사용해야 한다. 장작을 사용할 때는 특별히 제작된 파이어 우드 그릴(Fire wood grill)이 필요하다. 이 그릴은 수많은 연습과 수련이 필요한 고도의 테크닉을 요구한다. 많은 양을 장시간 요리할 경우, 대부분 요리용 장작을 사용하게 되는데 현재 브랜드화된 제품도 시중에 유통되고 있다.

장작을 이용하여 바비큐를 할 때 신경 써야 할 사항을 살펴보면 다음과 같다.

나무의 연소

탈수   이 단계에서는 착화 도구와 같은 외부 소스로부터 나무를 가열한다. 점화할 때는 신문 등의 종이를 말아 사용하거나 점화액을 사용한다. 이는 목재를 건조시키는 과정으로, 스팀과 물이 증발하고 이산화탄소와 가스 같은 찌꺼기가 남지만 화염을 제조할 수 있는 열은 없다.

가스화와 열 분해   연소가 시작되는 지점으로 나무의 화합물이 변하기 시작한다. 일부는 인화성 가스를 형성하고, 일부는 기름진 액체와 타르로 변한다. 여기에 화염 또는 불꽃처럼 점화원을 줄 경우 가스에 불이 붙겠지만 자체 발화되지는 않는다. 편의를 위해 평균적으로 575°F(301.6℃)를 연소점이라고 부르도록 한다.

연소*   요리에서 가장 중요한 위상을 설명하기 위해 블론더(Blonder) 박사가 만들어낸 적절한 용어다. 불꽃과 더 많은 가스가 만들어진다. 고기 스모크 링 형성에 필수적인 질산(Nitric oxide, NO)도 생긴다.

그중 과이어콜(Guaiacol)과 시린골(Syringol)은 요리하기에 좋은 방향족 화합물이다. 이는 우리가 연기라고 부르는 향기의 주된 성분으로 일부는 가볍게 소멸하고 온도가 750°F(398.8℃) 이상으로 상승함에 따라 맵고 쓴 연소 화합물이 형성된다. 불꽃이 이는 데도 타지 않는 단계에서 가스 거품 같은 것을 만들고 연료에서 상승 가스가 발생하지만 나무 자체는 연소되지 않는다. 버블의 성분은 약 20%의 산소로 공기에 둘러싸여 있다. 이것은 가스와 산소의 결합으로 불꽃이 되어 가스 버블을 터뜨리는 원인이 되며, 모든 가스가 산소와 결합할 때가 가장 완전한 연소를 이루는 시점이다. 이때 푸른 불꽃을 관찰할 수 있다.

---

* 연소 시 나무는 4단계를 통과하게 된다. 이 4단계가 동시에 일어날 때가 가장 좋은 것이다.

연소의 4단계

단계	연소점
1단계: 탈수(Dehydration)	500˚F(260℃)까지
2단계: 가스화와 열 분해(Gasification and pyrolysis)	500~700˚F(260~371.1℃)
3단계: 연소(Burning bush)	700~1,000˚F(371.1~537.7℃)
4단계: 목탄 형성(Charcoal formation)	1,000˚F(537.7℃) 이상

가스 그릴에는 기화기처럼 가스와 산소를 혼합하는 밸브가 있다. 산소가 너무 많으면 불꽃은 노란색이나 주황색을 띤다. 제대로 혼합되었을 때는 불꽃이 대부분 파란색을 띤다.

나무는 가스가 완전 연소하지 않으면 불꽃이 황색 또는 오렌지색으로 빛난다. 연소되지 않은 가스가 유출되면 차가운 거품과 연기를 만들어낸다. 숯과 장작불은 비효율적(불완전)으로 연소되기 때문에 불꽃이 오렌지색이나 노란색, 빨간색을 띠게 된다.

목탄 형성   숯이 형성되는 과정이다. 대부분의 유기화합물은 찌꺼기를 연소시키고 순수한 탄소만 남긴다.

연기

연기[**]에는 수백 개가 넘는 화합물이 포함되어 있다. 숯, 크레오소트, 화산재 등

[**] 스테이크 같은 얇은 고기를 짧은 시간 요리하기 위해서는 더 강렬하고 무거운 연기가 필요하고, 덩어리로 된 고기나 통으로 된 고기를 긴 시간 동안 요리하기 위해서는 푸른 연기를 얻어야 한다.

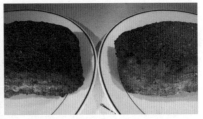

1 | 2 　1 품질이 좋은 맑고 투명하며 푸르스름한 연기
　　　2 차콜 스모커에서 구운 삼겹살(좌)과 가스 스모커에서 구운 삼겹살(우)

을 포함한 미세한 고체 형태의 화합물뿐만 아니라 일산화탄소, 이산화탄소, 질소산화물, 크레오소트가 많이 포함된 연소 가스와 수증기 등의 액체로 되어 있으며 페놀류의 화합물인 과이어콜과 시린골도 미량 포함되어 있다.

　연기는 바비큐의 맛에 기여한다. 나무에서 나는 연기는 고기 표면에 바삭한 크러스트를 만들고 군침이 돌게 하는 색상을 만들어준다. 같은 향신료로 문지르고 소스 없이 구운 갈비 두 판을 비교해보면 그 차이가 더 명확해진다. 차콜 스모커에서 요리한 고기는 GBD*가 형성되어 보는 사람의 침샘을 자극하지만, 가스 스모커에서 요리한 고기는 투명하면서도 밝은색을 띠어 그다지 구미가 당기지 않는다. 이렇듯 연기를 낼 경우와 그렇지 않을 경우, 관능 및 맛과 향에 확연한 차이가 나게 된다.

　가스의 조성은 나무의 연소, 습도, 온도와 사용 가능한 산소의 양에 달려 있다. 만약 나무가 충분한 산소를 얻지 못하면** 열 분해와 가스화(기화) 과정에 머물러서 불이 붙지 않고 불꽃이 폭발하지 않으며 연기가 된다. 이 연기는 불이 타는 나무의 연기와는 다른 것이다.

---

* Golden brown & delicious의 약자로 먹음직스럽게 구워진 고기의 빛깔을 일컫는 말이다.
** 왜 충분한 산소를 얻을 수 없을까? 아마도 흡기구와 배기구의 역할을 하는 벤트(Vent)가 활짝 열려 있지 않아 충분한 공기를 얻을 수 없는 경우이거나, 스모커 자체에 문제가 있는 경우일 수 있다. 스모커는 절연이 잘되며 굉장히 많은 열을 보유한다. 때로는 원하는 결과를 얻기 위해 공기의 흐름을 중단해야 한다.

요리할 때 나무나 숯에서 나는 연기는 흰색, 회색, 노란색, 갈색, 검은색 등 다양한 색상을 띤다. 푸른색도 그중 하나다. 여기서 푸른색은 투명하고 맑은 최적의 그릴 상태에서 나타나는 연기를 말하는 것으로, 마치 에어쇼를 할 때 나는 그런 푸른색 연기를 곧이곧대로 말하는 것은 아니다. 낮은 온도에서 천천히 요리하길 즐기는 바비큐어들은 이 푸른 연기를 갈구하게 된다.

연한 푸른색의 연기 입자는 마이크론 사이즈 미만이어서 눈에 보이지 않지만 그것이 '거기에 없음'을 의미하지는 않는다. 순수한 흰색 연기는 큰 입자로 구성되어 있다. 크기가 몇 마이크론에 해당하고 그것들은 모든 파장이나 모든 방향에 따라 산란한다. 회색과 검은 연기는 실제로 빛과 색의 일부를 흡수하기에 충분히 큰 입자를 가지고 있다.

검은색 연기와 회색 연기는 불이 산소를 충분하게 공급받지 못할 때 발생한다. 이 연기들은 재료의 맛을 쓰게 만들 수 있고 재떨이에서 나온 것처럼 그을린 음식을 만든다. 흰 연기가 부풀면 일반적으로 불이 붙기 시작할 타이밍이다.

연소의 4단계 중 1단계와 2단계가 진행되는 과정에서는 연료가 산소를 많이 필요로 하는데, 만약 이때 산소를 충분하게 얻지 못하고 3단계로 넘어가면 연료가 타고 흰 연기가 나게 된다.

만약 산소 부족으로 불이 꺼질 경우, 회색 그을음이 생길 수 있고 그을음으로 음식이 코팅되어 엉망이 될 수 있다. 만약 음식을 망쳤다면 고기를 그릴에서 내려서 씻고 불을 조정한 후 다시 올린다. 따라서 불이 꺼질 정도로 무관심해서는 안 되고 방치해서도 안 된다. 보통 파이어 박스 아래 석쇠를 만들고 투입 장작을 보관하는데 그때 불이 옮겨붙지 않도록 조심해야 한다. 만약 불이 붙었다면 신속히 대처할 수 있도록 소화기를 비치해야 한다. 이러한 준비를 통해 큰 사고를 미연에 방지할 수 있다.

그릴의 청결 유지

요리 석쇠에 남는 끈적한 점액은 검은 연기와 드립을 만들 수 있다. 그리스(Grease)*의 연기는 좋은 연기가 아니며, 벽에 남은 검은 것 역시 농축된 크레오소트를 가지고 있어 좋지 않다. 탄소 정도로 이루어진 가운데의 얇은 층은 별 상관이 없겠지만 검은색의 끈적거리는 물질은 확실히 좋지 않다. 따라서 경기를 마친 후에는 그릴을 깨끗이 청소해야 한다.

오프셋 스모커

오프셋(Off-set)은 장작을 이용하기 좋은 그릴이 있는 고품질의 스모커를 일컫

---

* 연소 찌꺼기나 기름이 범벅된 끈적한 젤리 형태의 불순물

는다. 이는 바비큐 재료를 넣는 큰 원통형 배럴 측면에 장작을 연소하는 작은 통이 부착된 그릴로, 바비큐 경험이 많은 사람들에게 인기가 높다. 단, 경기용과 외식업소용으로 만들어진 피트(Pit)와 장비 관련 상점에서 파는 저렴한 오프셋 사이에는 큰 차이가 있다.

저렴한 오프셋 스모커(COS, Cheap Off-set Smoker)로는 브링크만 피트마스터(Brinkmann Pitmaster), 브링크만 스모크'N 피트 프로페셔널(Brinkmann Smoke' N Pit Professional), 차브로일 실버 스모커(Char-Broil Silver Smoker), 차브로일 아메리칸 고메(Char-Broil American Gourmet), 차그릴러 스모킹 프로(Char-Griller Smokin Pro)가 있다. 이 제품들은 그저 스모커의 모양을 따라 한 것에 불과하다. 산소 공급량을 제어할 수 있는 문이 제대로 맞지 않고, 벽이 얇아 열을 유지할 수도 없으며, 녹이 슬기도 한다.

값비싼 오프셋 피트 스모커(EOS, Expensive Off-set Smoker)로는 호리즌(Horizon), 잠보(Jambo), 클로스(Klose), 랭(Lang), 미도 크릭(Meadow Creek), 페오리아(Peoria), 피트메이커(Pitmaker), 요더(Yoder) 등이 있다. 이들은 모두 훌륭한 요리 도구다. 카마도(Kamados)와 에그(Egg)는 오프셋은 아니지만 절연이 효율적으로 되고 적당한 열을 내며 훌륭한 흰 연기를 만들어준다.

오프셋 스모커를 사용하여 바비큐를 할 때 주의해야 할 사항을 정리하면 다음과 같다.

연소

바비큐를 할 때는 숯이나 통나무를 측면 연소실(Fire box)에 넣으며 작업을 시작한다. 이후에는 뜨거운 불씨만 추가할 수도 있다. 때로는 바퀴가 달린 손수레에 굴뚝을 만들어서 사용하기도 한다. 숯과 나무가 제대로 연소되면 연기가 많이 발생하지 않는다.

그릴

재료를 그릴에 넣기 전에는 불을 잘 조절하여 그릴 상태를 안정적으로 만들어야 한다. 이를 위해 그릴의 벽을 따뜻하게 하는데 이를 예열(Preheating)이라고 부른다. 예열을 할 때는 공기의 안정적인 흐름과 일정한 온도를 만들어 최적의 연기를 얻을 수 있도록 한다. 날씨가 춥거나 비가 오거나 바람이 부는 날에는 푸른 연기를 얻기 어려우므로 주의한다. 이렇게 불안정한 조건을 안정적 조건으로 바꾸어 최적화된 조리 환경을 만드는 것 또한 바비큐어의 센스이자 능력일 것이다.

드리핑

불에 고기의 드립이 떨어지면 불씨가 약화되고 지방이 타며 연기가 더러워진다. 드리핑(Dripping)에 의해 발생하는 연기는 유해하므로 사전에 드립을 발생시키지 말아야 하며, 드립으로 연기가 발생할 때는 재료를 석쇠에서 제거한 후 석쇠를 청소한 후 다시 올려놓는다. 이와 같이 드립의 유해한 연기는 거의 직화에서 발생하지만 느리게 요리하는 간접구이에서도 문제가 생길 수 있다. 이러한 문제에 대응하기 위해서는 바비큐어의 경험과 감각이 필수적이다.

밤에는 연기의 색을 알아보기가 힘들지만, 고기와 향신료에서 나는 두드러진 향을 통해 고기가 익어가는 상태를 알 수 있다. 고기는 구수하고 달콤한 냄새를, 연기는 은은하고 매혹적인 냄새를 풍겨야 한다. 단, 모든 사람이 모닥불 냄새를 좋아하지는 않는다는 점을 기억하자.

온도 제어

온도 제어는 요리의 모든 것이라고 할 만큼 중요하다. 그릴 내부의 온도를 잴 때나 고기의 온도를 잴 때는 반드시 좋은 온도계가 필요하다. 온도계의 반응 속도는 빠를수록 편하다. 온도계는 제대로 된 결과를 얻게 해주기 때문에 정확하고 빠른 온도계를 준비할 필요가 있다.

또한 연료에 필요한 공기의 흐름을 조절하는 법, 나쁜 연기가 발생할 때 반응하고 조치하는 방법을 알아야 한다. 모든 상황을 예측하고, 분석하고, 조치할 수 있을 때까지는 노력이 필요하므로 연습하고 또 연습할 수밖에 없다. 연습하고 노력하는 사람을 이길 수 있는 자는 없다.

흰 연기

흰 연기는 일반적으로 불완전 연소 화합물을 지니고 있다. 흰 연기에 장기간 노출되는 것은 좋지 않으나 예외적으로 좋은 음식을 만드는 경우도 있다. 흰 연기는 짧은 시간 동안 음식에 약간의 연기 맛을 추가해준다. 흰 연기는 햄버거나 스테이크같이 얇고 짧은 시간에 이루어지는 요리에 가장 적합하다.

흰 연기를 만드는 가장 좋은 방법은 의도적으로 나무에 산소를 부족하게 하는 것이다. 이러한 방법 중 하나는 나무조각을 알루미늄 포일 패킷에 싸서 구멍을 뚫어 사용하는 것이다. 또 알루미늄 덩어리를 작게 구겨 패킷에 작은 구멍을 내서 공기의 흐름을 제한할 수도 있다. 이 방법은 스테이크, 치킨, 생선 등 작은 조각 고기 형태를 빨리 요리하기 위해 필요하다.

특히 알갱이 형태의 압착하지 않은 팰릿은 최적의 성능을 낸다. 왜냐하면 그것이 작은 불꽃에 더 많은 연기를 생산하기 때문이다. 현재는 시중에 연기를 내는 여러 가지 방법이나 제품이 나와 있으므로 이를 이용하여 흰 연기를 만들 수 있다. 여러 제품 중에서 특히 감동적이었던 것은 가스 그릴과 함께 사용하기에 아주 적합한 형태의 파우치. 이 파우치는 나무 조각이나 무압착 팰릿을 안에 넣은 미세한 그물망으로 된 스테인레스 스틸로 되어 있다.

그물망 내 공기 공간은 충분히 작아서 공기의 양을 충분히 취할 수 없다, 그래서 흰 연기를 내며 불꽃이 일어나지도 파열되지도 않는다. 그것은 보통 몇 분 안에 충분한 흰 연기를 내놓는다. 무엇보다도 그것은 요리 석쇠의 상단에 넣거나 가장자리에 그냥 세워놓아도 연기가 난다.

이는 짧게 요리할 때 약 15분 동안 충분히 연기를 얻을 수 있는데, 돼지고기 어깨 부분이나 양지처럼 긴 시간 요리해야 하는 경우에는 연기를 리필하기 위해 두 번째 파우치를 구입해야 하는 번거로움이 있다. 재충전은 파우치의 열 때문에 까다롭지만, 질 좋은 방화용 안전장갑이 있다면 별다른 문제없이 할 수 있다.

나무

침엽수 소나무(Pine), 전나무(Fir), 노송나무(Cypress), 가문비 나무(Spruce), 레드 우드(Redwood), 삼나무(Cedar) 등의 침엽수는 절대 요리용으로 사용해서는 안 된다. 이 나무들은 너무 많은 수액과 테르펜을 포함하여 고기 맛을 망칠 수 있다. 일부 성분은 건강을 위협하는 것으로도 알려져 있다. 대개 삼나무 널판지에 연어를 굽는 것이 좋다는 것을 알지만, 훈연제로 삼나무를 태운다는 것은 잘 모른다. 또 느릅나무(Elm), 유칼립투스(Eucalyptus), 사사프라스(Sassafras), 플라타너스(Sycamore)는 불쾌한 맛을 낼 수 있다. 협죽도(Oleander)의 연기도 유독하다. 월계수 역시 훈연제로 사용하지 않는다.

목재 조각 일부 목재들은 유독 화학 물질로 처리되므로 그런 나무를 사용해서는 안 된다. 나무의 종류를 알 수 없는 덩어리 숯 역시 마찬가지다. 종류를 알 수 없는 나무나 그것을 사용한 숯을 사용해서는 안 된다.

곰팡이가 핀 나무　일부 곰팡이에는 독소가 포함되어 있으므로, 자연 공기로 건조된 목재를 사용하는 것이 좋다. 갓 자른 녹색 나무에는 더 많은 수액이 들어 있어 건조 나무와 완전히 다른 맛을 낸다. 태양(공기) 건조된 목재는 가마 건조된 것보다 약간 습하다. 그리고 수증기가 크고 달라붙는 스팀을 생성하며 연기도 부드럽고 구수하다. 가마에서 건조시킨 것은 연기가 자욱한 맛을 내는 경향이 있고, 말로는 설명하기 힘든 약간의 거부감을 일으킨다. 나무를 열원으로 사용하면 큰 문제없이 충분한 연기를 얻을 수 있다. 따라서 최고의 바비큐어들은 태양(공기)에서 건조한 나무를 선호한다. 이렇게 건조시킨 나무는 목탄, 가스, 팰릿을 연소하기에도 좋다.

나무 껍질　어떤 나무에는 다른 나무보다 껍질이 더 많다. 나무의 껍질은 맛에 영향을 미칠 수 있다. 어떤 사람들은 귀찮게 왜 껍질을 제거하느냐고 묻지만, 이는 반드시 해야 할 필수 작업이다. 껍질에 유해 성분이 있을 수도 있고, 그을음을 발생시켜 고기에 좋지 않은 풍미를 더할 수도 있기 때문이다.

장비의 선택

바비큐에 필요한 장비는 경기용 리얼 바비큐 전문점에서 구매할 수 있다. 장비 및 그릴을 판매하는 하드웨어 점포에서도 살 수 있다. 지역별 산림조합이나 재료를 가공·판매하는 곳을 이용할 수도 있다. 전문 잡지나 방송에 나오는 상점에 방문하거나 SNS를 통해서도 구매 정보를 접할 수 있다.

장비는 어디서 판매하느냐가 중요한 것은 아니다. 바비큐와 관련된 올바른 지식을 갖고, 양질의 정보를 선택할 수 있는 주관적 능력을 배양하는 것이 훨씬 중요하다.

앞으로는 경기용 리얼 바비큐를 중심으로 새로운 바비큐 문화가 전개될 것이다. 외식 문화의 급격한 변화가 예측되는 이 시점에 전문가나 선수들의 목소리에 귀를 기울일 필요가 있다.

3
실전 바비큐 테크닉

BARB

FCUF

3

실 전 바 비 큐 테 크 닉

바비큐는 재즈와 닮아 있다. 여러 가지 악기가 모여 흥겨운 리듬과 그들만의 멜로디를 만들어내듯 바비큐 또한 매번 다른 환경에서 수많은 재료를 이용하여 아주 인간적이고 자연을 닮은 자신만의 요리를 만들어낸다.

재즈는 수천 번을 연주하더라도 매번 느낌이 달라진다. 한 곡이 담긴 파일의 똑같이 복제된 소리 역시 들을 때마다 매번 다른 음악처럼 느껴진다. 바비큐 역시 마찬가지다. 바비큐는 할 때마다 새로운 느낌과 다른 감동을 주는, 그런 음식이다. 패스트푸드점에서 만들어내는 일관된 맛과는 완전히 다른, 영혼이 담긴 음식이다. 하지만 자유로운 재즈도 함부로 음계를 벗어나거나 원칙을 어기지 않는 것처럼, 바비큐 또한 기본과 원칙을 벗어나서는 제대로 만들 수 없다. 누구나 기타 줄을 튕겨서 소리를 낼 수 있다. 누구나 불에 고기를 익힐 수 있다. 하지만 단순히 기타 줄을 튕겨서 낸 소리를 음악이라 부르지 않듯, 단순히 고기를 구웠다고 해서 바비큐라 부르지는 않는다. 바비큐는 그것의 탄생이 인류에 미친 영향부터 날씨와 주변 환경, 열과 연기, 각종 향신료와 식재료, 작용 원리, 쿠킹 온도, 서빙 온도, 그릴 테크닉 등의 기초를 갈고닦는 노력 속에 만들어진다.

바비큐는 전문적인 지식과 수많은 노력, 연습이 수반되어야 제대로 만들 수 있는 요리이다. 그리고 이러한 시도에 경쟁을 더한 푸드 스포츠(Food sports)의 중심이기도 하다.

진정한 바비큐를 만나면 음식에 감동하는 것이 아니라 사람에 감동하게 된다. 그렇기에 바비큐어들은 바비큐에 대한 연습과 훈련을 게을리할 수 없다. 지금부터 본격적인 바비큐의 시작이다. 요리의 특성상 야외에서 주로 작업하기 때문에 실내에서 하는 요리보다 신경을 쓰거나 준비해야 할 것이 많이 있다. 작업 반경 내에는 불을 포함한 각종 위험한 장비들이 있고, 그로 인해 크고 작은 안전사고가 일어날 수 있으므로 항상 주의해야 한다.

점화

점화(Fire starter)는 다른 과정보다 더욱 신경 써서 해야 한다. 점화에는 고온과 고열에 의한 사고뿐만 아니라 유해가스나 악취, 사용상의 부주의로 화상이나 내·외과적 부상이 뒤따를 수 있기 때문이다. 점화에는 여러 가지 방법이 있지만 여기서는 대표적이면서도 가급적 안전한 방법을 소개하도록 한다.

그릴 내부에서 점화

굴뚝처럼 생긴 침니 스타터(Chimney starter)는 연료를 그릴에 세트업하기 전에 브리켓이나 숯을 완전히 점화하기 위해 만들어진 기본 장비이다.

바비큐를 할 때 우선 침니 스타터에 탄을 원하는 양만큼 담고 그릴 내 숯 석쇠(Charcoal grate) 위에서 불을 붙이게 된다. 석쇠 바닥에 신문지 같은 구겨진 종이나 잡목, 건초류, 고체연료, 파라핀, 파라핀지 등의 점(착)화제를 놓고 불을 붙인 후 그 위에 탄을 담은 침니 스타터를 올려 초기 점화에서 어느 정도 밑불이 붙으면, 탄의 상부까지 하얗게 완전 점화될 때까지 기다려야 한다. 급한 마음에 송풍기로 점화를 서두르면 위험하므로 절대 서두르지 않는다. 간혹 착화 시 편리함을 위해 휘발성 점화액을 탄에 뿌려 라이터로 불을 붙이기도 하는데, 이러한 방법을 사용하면 유해 성분이 나올 우려가 있으므로 추천하지 않는다.

휴대용 버너의 이용

휴대용 버너 위에 원하는 양의 연료를 채운 침니 스타터를 올리고 점화하는 방법이다. 하단부에 탄이 착화되면 그릴 내부의 숯 석쇠나 근처에 인화 물질이 없는 안전지대로 옮겨, 상단부까지 완전 점화될 때까지 예민하게 살핀 후 그릴 세트업을 진행한다. 이때 시멘트 바닥이나 타일 바닥 같은 곳은 피해야 한다. 자칫 고열에 의해 바닥이 터져서 큰 부상을 입을 수 있기 때문이다. 또 자칫 휴대용 버너 위에 방치하면 버너가 폭발할 수 있으므로 주의를 게을리하지 말아야 한다.

그릴 내 직접 점화

숯 석쇠(Charcoal grate) 위 세트업하고자 하는 위치에 피라미드 형태로 탄을 쌓고, 가장 밑부분을 고체 알코올이나 토치로 착화한 후 자연 점화를 기다리는 방법이다. 점화하기까지 시간이 좀 걸리고 탄이 손실되기는 하지만 안전하다. 탄의 윗부분까지 완전히 점화되면 안전장갑을 끼고 집게를 이용하여 원하는 방식으로 재배열한다. 바비큐 플루이드(Barbecue fluid)를 사용하는 것은 생각해볼 필요가 있다. 그중에서도 석유를 기반으로 하는 것은 결코 추천하지 않는다.

그릴 세트업

'그릴 안에 탄을 어떻게 배치할 것인가?' 하는 문제의 답은 재료에 따라 달라진다. 덩어리로 된 것이나 지방이 많은 재료는 가급적 간접구이 방법을 선택하고, 얇게 슬라이스되고 지방이 적은 재료는 직접구이 방법을 선택하는 것이 좋다. 간혹 이 두 가지 방법을 동시에 시행할 경우도 있기 때문에, 탄을 세트업(Set up)하는 방법은 매우 중요하다. 침니 스타터에서 윗부분까지 탄이 하얗게 완전히 점화되었을 때 탄을 그릴에 세팅해야 한다. 이때 반드시 내열 안전장갑을 끼고 바람을 등진 상태에서 전면에 인화물질이 없는 것을 확인하고 안전하게 세트업해야 한다.

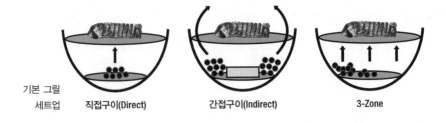

기본 그릴
세트업   직접구이(Direct)   간접구이(Indirect)   3-Zone

직접구이 방식

직접구이 방식(Direct method)은 불이 완전히 붙은 탄을 숯 석쇠 위에 직접 세트업하는 전통적인 방법이다. 취향에 따라 계단식으로 배치하여 작은 덩어리 재료나 슬라이스된 재료를 가장 높은 부분의 센 불에서 양쪽 겉면을 신속히 익히는 시어링(Searing) 과정을 거친 다음 중간 높이의 중불로 옮겨 타는 것을 방지하고 가장 낮은 높이의 약불이나 불이 없는 곳으로 옮겨 완성하는 데 사용한다. 일반적으로 2-Zone이나 3-Zone으로 세트업하는 방법이 있다.

간접구이 방식

간접구이 방식(Indirect method)은 큰 덩어리로 된 재료를 굽는 데 많이 사용된다. 완전 점화된 탄을 숯 레일(Charcoal rail)이나 숯 바스킷(Charcoal basket)을 이용하여 그릴의 손잡이 부분을 피해 양옆으로 배치한다.

가운데 부분에는 굽는 도중 떨어지는 기름이나 육즙을 받을 수 있는 드립 팬(Drip pan)을 설치한다. 또는 탄을 한쪽으로 몰아 조리 영역을 확보하는 방법도 사용하고 있다.

석쇠의 예열과 청소

석쇠 예열(Preheating)과 드립 팬(Drip pan)을 탄을 세트업한 후 요리 석쇠(Cooking grate)를 올리고 뚜껑을 덮어 3~5분 정도 예열하는 과정이다. 그릴 내부의 온도를 높여 사용 전 그릴 내부에 있을지도 모르는 각종 오염물질을 열로 제거하여 요리의 안전과 위생도를 높이는 것이다. 조리 온도를 설정하는 단계로, 여기서는 온도를 약간 높게 설정한다.

석쇠 청소(Cleaning of cooking grate)는 예열 과정에서 녹아난 기름과 불순물을 제거하는 과정이다. 먼저 뚜껑을 열어 그릴 브러시(Grill brush)로 음식 석쇠의 불순물을 문질러 제거한 다음, 면으로 된 타월이나 키친타월에 기름을 묻혀 요리 석쇠를 깨끗하게 닦는다. 가끔 요리하려는 재료의 지방 부분을 조각내어 실시하기도 한다. 이 과정은 그릴의 위생을 위해서도 꼭 필요하지만 재료가 석쇠에 달라붙는 것을 방지하기 위해서도 필수적이다. 이 과정은 그릴 온도에 변화를 가져올 수 있으므로 가급적 신속하게 하는 것이 좋다.

재료 넣기

재료 넣기(On grill)는 굽고자 하는 재료를 석쇠에 올리는 과정으로 재료의 겉 부분이 위로 오게 하여 올리면 된다. 많은 재료를 동시에 조리할 경우 재료와 재료 사이에 열과 연기가 자유롭게 드나들 수 있을 정도의 여유를 두는 것이 좋다. 이 과정 역시 신속하게 이루어져야 한다.

훈연제 투입

훈연제 투입(Insert smoking ingredient)은 그릴에 물에 충분이 불린 훈연칩 (Smoking chip)이나 훈연 청크(Smoking chunk)를 투입하기 전에 물기를 완전히 털어내고 탄 위에 올려 연기를 피우는 방법이다. 이때는 내열장갑을 끼고 집게 를 사용하여 안전하게 작업하는 것이 좋다. 만약 물기가 남아 있으면 투입 시 재가 날리거나 탄의 온도가 급격히 떨어질 수도 있다.

훈연제의 투입은 수분을 완전히 제거한 후 열로 인해 재료의 유막이 형성되 기 전인 쿠킹 초기 단계에서 실시하는 것이 좋다. 또 굽고자 하는 음식 재료의 표면에 수분이 남을 경우 원하는 질감이나 색상을 얻을 수 없으므로 재료 표 면의 수분도 완전히 제거해야 한다.

연기가 많이 나는 것도 옳은 방법은 아니지만 너무 적게 나는 것도 고기의 풍미에 영향을 주지 못하므로 취향에 따라 적당한 양을 사용하는 것이 좋다. 여기서 이야기하는 것이 지금껏 계속 언급했던 푸른색 연기인 것이다.

초기에 나는 연기는 상당한 양의 불순물을 포함하고 있을 수 있다. 따라서 처음에 나는 연기는 상단의 통풍조절구을 열어 날려버린다. 이후 연기의 농도가 옅어지고 투명해져서 약간의 푸른빛이 돌면서 양질의 연기가 피어오르면 상단 통풍조절구 조정을 통해 이 순간을 최대한 즐겨야 한다. 안정적인 연기 색을 확보했다면 상단의 통풍조절구를 닫고, 하단 통풍조절구를 조정하여 그릴 내부의 온도를 빠른 시간 안에 안정화시켜야 한다. 이 과정을 드래프트(Draft)라고 한다. 이러한 과정이 중요한 이유는 그릴 작업을 할 때 온도뿐만 아니라 수분도 함께 잡아야 하기 때문이다. 이것은 고기 자체의 수분을 이야기하는 것으로 드립 팬에 물을 보충한다거나 훈연제의 수분과는 다른 의미를 지닌다. 드래프트는 바비큐에서 매우 중요한 고급 기술이다.

이 과정에서 사용되는 훈연 파우더(Smoking sawdust)는 물에 담그지 말고 적당량의 물에 비벼 사용하는 것이 좋다. 훈연제의 유·무해성 논란은 현재도 진행 중이므로 반드시 잘 마른 활엽수나 과실수의 속살만을 이용하도록 한다.

바비큐에서 훈연 재료의 연기는 열이 아닌 맛을 의미한다. 따라서 좋은 식재료를 구하기 위해 노력하듯, 양질의 훈연 재료를 얻기 위해 끊임없이 노력해야 한다.

질 좋은 훈연제에 관한 집착과 그것을 얻고자 하는 노력은 바비큐어가 가져야 할 아주 바람직한 자세이자 의무이다. 물에 불린 훈연제와 마른 훈연제는 서로 다른 연기가 나며 맛에 차이를 만든다. 재료에 미치는 영향도 각각 다르다. 습기와 혼합된 연기의 훈연효과가 마른 연기의 훈연효과보다 더 크고 부드러운데, 이는 워터 스모커를 이용해 훈연이나 훈제를 하는 원리와 같다. 연기에 적당한 수분이 혼합되어야 좋은 결과를 얻을 수 있다.

미국의 고기 온도 가이드

• 돼지고기 63℃에서 3분간 조리해 드세요!

• 美 농무부, 돼지고기 안전조리 온도 8℃ 하향

• 기존 71℃에서 63℃로 내려… 쇠고기나 양고기 조리 온도와 동일

미국 농무부(USDA)가 돼지고기 안전 조리 기준 온도를 현행보다 약 8℃ 하향 조정한 데이어 미국돈육생산자협회가 본격적인 돼지고기 권장 조리 온도 캠페인을 전개하고 있다. USDA 산하 식품안전검사국(FSIS)은 새로운 육류 조리 지침을 발표하고 돼지고기 조리 온도를 현재의 160℉(71.1℃)에서 145℉(약 63℃)로 낮추어 제시했다.

FSIS(Food Safety and Inspection Service)는 지금까지 덜 익은 돼지고기로 인해 선모충 감염(Trichinosis)을 우려해 돼지고기 내부 온도를 쇠고기나 양고기보다 더 높은 온도로 익혀 먹을 것을 권장해왔으나 미국에서는 더 이상 문제가 되지 않는다고 판단해 이 같은 지침을 발표한 것이다. 이로써 FSIS의 쇠고기, 양고기, 돼지고기 권장 조리 온도가 145℉(약 63℃)로 동일해졌다.

NPPC(National Pork Producers Council, 미국 국립 돼지고기생산자협의회)에서는 63℃에서 3분간 돈육을 조리하는 것을 권장하는 캠페인을 전개했다.

아이오와 주립대학 양돈센터의 제임스 맥킨 박사는 "연구 결과를 토대로 볼 때 돼지고기를 145℉(약 63℃)에서 3분간 익히는 것은 안전한 조리법"이라고 말했다.

미국 돈육생산자위원회 관계자는 "미국인들은 돼지고기를 과도하게 익혀 먹는 경향이 있었다."면서 "새 지침 덕분에 앞으로는 돼지고기 애호가들도 쇠고기나 양고기처럼 붉은 기운이 남아 있는 육즙이 풍부한 고기를 염려 없이 즐길 수 있게 됐다."라고 언급했다. 그러나 미국의 일부 요리 전문가들은 "145℉ 역시 지나치게 높은 온도"라면서 "돼지고기는 135℉(약 57℃)에 맞춰 조리할 때 가장 좋은 맛과 질감을 선보인다."라고 강조했다.

시카고의 유명 레스토랑 '블랙버드'의 주방장 폴 캐헌은 "돼지고기 내부 온도를 138℉(약 59℃)에 맞춘 뒤 자연적으로 145℉까지 올라가게 하는 것이 가장 좋은 조리 방법"이라고 제안했다.

한편 이 소식을 보도한 〈시카고 트리뷴〉은 "돼지고기 조리에 대한 새로운 지침과 별도로 분

쇄 육류는 160℉(약71.1℃), 닭과 칠면조를 포함한 가금류는 165℉(약 74℃)까지 익혀 먹어
야 한다."고 덧붙였다.

고기 온도와 살균

미국의 경우 선모충은 138℉(58.8℃)에서 사멸하고 USDA가 권장하는 새로운 온도는 최소
145℉(62.7℃)이다. USDA와 내 차트를 보면 가금류는 165℉(73.8℃), 생선은 145℉(62.7℃)
가 권장 온도이다. 다진 고기와 가금류의 미국 농무부 권장 사항은 철저하게 준수되어야 한
다. 오염된 닭, 칠면조, 다진 고기는 면역이 약한 젊은이나 노인들에게 매우 위험할 수 있다.
병원균은 약 130℉(54.4℃) 이상에서 사멸하기 시작하는데, 이 온도에서 균을 완전히 사멸
하려면 시간은 적어도 두 시간 이상 소요된다.
온도가 높아지면 멸균 시간은 줄어든다. 그래서 소비자를 위한 USDA의 지침에 따라 쇠고
기의 병원균을 파괴하는 데는 140℉(60℃)에서 12분 이내면 충분하고 160℉(71.1℃)에서는
7.3초면 충분하다.

우리나라의 경우 한국 사람들은 유독 돼지고기의 조리 온도에 민감하다. 기생충인 갈고리촌
충과 그 유충인 유구낭미충, 섬모충에 감염되는 것을 우려하기 때문이다. 특히 유충인 유구
낭미충은 사람의 체내에서 돌아다니는데 이것이 피부뿐만 아니라 뇌로 이동하여 간질 발작
의 원인이 되기도 한다. 이렇게 위험한 기생충들은 77℃ 이상의 불에 가열해야 죽기 때문에
고기는 익혀 먹는 것이 상식이다.
하지만 다른 목소리도 들려온다. 의학계나 축산업계에서는 돼지에 더 이상 인분을 먹이지 않
기 때문에 감염의 우려가 없다는 의견을 내고 있다. 기생충 박사로 잘 알려진 단국대학교 의
과대학의 서민 교수는 "유구낭미충은 박멸됐다. 1960~1970년대까지만 해도 인분을 돼지의
사료로 사용했지만 1980년대에는 사육 시스템이 바뀌었다. 1990년을 마지막으로 해서 갈
고리촌충의 유충을 보유한 돼지가 발견된 적이 없다."라고 밝혔다. 따라서 이러한 현실에 맞
추어 미국의 경우처럼 낮은 온도에서도 조리할 수 있도록 기준을 완화하는 것도 우리나라
식문화 발전을 위해 필요할 것으로 보인다.

자료: 한겨레(2015. 9. 7) 발췌 재구성.

고기별 조리 온도와 최소 살균 시간	
쇠고기, 양고기, 돼지고기	**12%의 지방을 가진 치킨, 칠면조**
· 130°F(54.4℃) / 121분	· 136°F(57.8℃) / 82분
· 135°F(57.2℃) / 37분	· 140°F(60.0℃) / 35분
· 140°F(60.0℃) / 12분	· 145°F(62.8℃) / 14분
· 145°F(62.8℃) / 4분	· 150°F(65.6℃) / 5분
· 150°F(65.6℃) / 72초	· 152°F(66.7℃) / 3분
· 155°F(68.3℃) / 23초	· 154°F(67.8℃) / 2분
· 158°F(70.0℃) / 0초	· 156°F(68.9℃) / 1분
	· 158°F(70.0℃) / 41초
	· 160°F(71.1℃) / 27초
	· 162°F(72.2℃) / 18초
	· 164°F(73.3℃) / 12초
	· 166°F(74.4℃) / 0초

자료: USDA 식품 안전 검사 서비스.

고기 온도 준수의 중요성

돼지고기 스테이크와 돼지 로스트　과거에는 덜 익은 돼지고기의 기생충인 선모충으로 인해 피해를 입는 경우가 잦았다. 하지만 오늘날 축산업의 위생 개선으로 선진국에서는 선모충이 근절되었다. 여전히 야생 동물을 먹는 경우에는 선모충으로부터 안전하다고 할 수 없다. 하지만 현재의 양돈 상황에서 정상적으로 유통되는 돼지고기는 신뢰할 수 있는 수준이다. 선모충은 138°F(58.8℃)에서 사망한다. USDA가 권장하는 새로운 온도는 최소 145°F(62.7℃)이다.

돼지 어깨살, 소 양지　이 부위들은 145°F(62.7℃)에서 안전하다. 하지만 우리는 의도적으로 최대 203°F(95℃)까지 요리하는데 이는 결합 조직을 용해하기 위해서이다. 고기를 낮고, 느리게 긴 시간 요리하는 것은 놀라운 결과를 안겨준다.

가금류 과학자들은 닭과 칠면조의 육즙 속에 있는 살모넬라균이 매우 위험하다고 말한다. 따라서 대부분의 요리사들은 USDA의 기준에 맞추어 가금류를 165℉(73.8℃)에서 서브한다. 또한 160℉(71.1℃)보다 낮지 않은 곳에서 꺼내두어 2~3℃의 이월을 허용한다.

그들은 온도계의 센서를 두꺼운 가슴살의 갈비나 허벅지 사이에 통과시켜 온도를 재고 기억한다. 165℉(73.8℃)에서 흰색 고기는 여전히 촉촉하다. 허벅지와 드럼 부분은 마이오글로빈과 지방이 더욱 많아 좀 더 많은 열을 필요로 한다. 따라서 165~170℉(73.8~76.6℃)에서 요리해야 가장 맛이 좋다. 즉, 닭의 육즙이 투명하고 깨끗하게 흘러내릴 때 가장 안전하다.

다진 고기, 버거, 소시지 USDA의 권장 온도는 160℉(71.1℃)이다. 이는 철저하게 준수해야 하는 사항이다. 160℉(71.1℃)는 아마도 웰던(Well done)을 위한 온도다. 이 부위들은 병원성 균주로부터 오염될 가능성이 다른 부위보다 크다. 대장균은 조리가 덜 된 다진 고기에서 많이 검출된다.

왜 덩어리 고기보다 다진 고기가 위험할까? 소는 도축되기 전에 일반적으로 복잡한 사육환경에서 지내기 때문에, 대변이나 각종 오물은 가죽에 묻어 있을 확률이 높다. 이러한 오물들은 사체를 절단하는 칼에 묻어 있다가 고기를 오염시킬 수 있다. 대변으로 가득 찬 창자 역시 고기를 잘못 절단했을 때 터져서 유출될 수 있다.

이러한 균주들은 요리하는 동안 빠르게 사멸되기 때문에 작은 스테이크 정도의 덩어리는 크게 신경 쓰지 않아도 된다. 하지만 만약 고기가 분쇄되어 있다면 표면의 오염이 중앙으로 섞여 들어갈 수 있다. 이러한 고기가 160℉(71.1℃)에서 요리되지 않는다면 균주가 사람의 소화관 내로 들어가 불쾌감, 치명적인 질병을 일으켜 사망에 이르게 할 수도 있다.

따라서 다진 고기는 덩어리로 된 고기보다 더 높은 온도에서 조리되어야 한다. 이를 간과할 경우 치명적인 결과를 초래할 수 있다. 특히 어린이나 노인 등 질병에 대한 저항력이 약한 사람일수록 더 위험하다.

물고기 온혈동물의 배설물을 통해 기생충에 감염되기 때문에 USDA에서는 145℉(62.7℃)에서 서브하길 권장한다. 생선은 쉽게 오버쿠킹이 되기 때문에 방심하기 쉬우므로 주의한다.

반조리 햄 140℉(60℃)에서 서브한다. 햄은 소금으로 사전에 요리해서 경화시킨 것이기 때문에 따뜻하게만 만들면 된다. 오버쿠킹으로 밖이 마를 때까지 기다릴 필요가 없다.

달걀 달걀은 안전에 상당한 위험을 초래할 수 있다. 2010년 미국에서는 달걀 관련 질병으로 인해 대규모의 달걀 리콜이 일어났던 적이 있다. 이처럼 살모넬라균이 건강한 닭의 난소를 감염시키면 달걀의 껍데기가 형성되기도 전에 달걀이 감염된다. 미국질병관리본부(CDC)에서는 대다수의 달걀이 대규모로 유통되기 때문에 매년 소비자 50명 중 한 명은 오염된 달걀을 먹을 것으로 추정하고 있다.

살모넬라균은 낮은 온도에서 억제되므로 달걀은 실온에 보관하지 말아야 하고, 160℉(71.1℃)에서 요리해야 한다. 이에 따라 달걀을 기반으로 하는 캐서롤 요리를 할 때는 온도계를 사용해야 한다.

부드럽게 삶은 달걀, 카르보나라, 에그 노그(Egg nog), 시저 샐러드 드레싱, 커스터드, 비어네이스(Bearnaise)와 홀란데이즈(Hollandaise) 소스로 가볍게 요리한 식사를 좋아한다면 강력하게 살균된 달걀을 사용하는 것이 좋다.

채소, 기타 재료 이들을 날것으로 먹는다면 위험에 노출될 수 있다. 채소들은 상당한 양의 병원균에 노출되어 자라고 있다. 이들은 토끼, 사슴, 쥐가 돌아다니는 땅 위에서 자란다. 생각보다 위험한 음식일 수 있다. 시설농에서 재배되는 것들 역시 완전히 안전하다고는 볼 수 없다.

달걀과 고기를 삶을 때 순수한 물은 212℉(100℃)에서 끓기 시작한다. 물이 180℉(82.2℃)에 도달하면 작은 거품과 증기가 생기고 거품이 커지면서 점점 온도가 올라가고 끓기 시작한다. 기포는 바닥과의 접촉열 때문에 나머지 물보다 더 뜨거워진다. 따라서 달걀과 고기를 삶을 때는 최소 160℉(71.1℃)의 물에서 하는 것이 안전하다.

온도 조절

온도는 바비큐 요리의 가장 중요한 요소 중 하나다. 온도가 낮으면 완성되는 시간이 오래 걸리며, 재료가 그릴 안에서 상하는 경우도 발생할 수 있다. 온도가 높으면 그만큼 완성되기까지 걸리는 시간이 줄지만 재료의 겉은 타고 속은 덜 익거나, 익더라도 거칠면서 질긴 형편없는 결과를 얻을 수 있다.

바비큐는 천천히 만든다고 해서 좋은 것이 아니고, 반대로 너무 빨리 만든다고 해서 옳은 것 또한 아니다. 중요한 것은 재료에 맞는 최상의 온도를 선택하여 맛과 향, 부드러움까지 잡아내는 것이다.

재료에 따라 그릴 내부의 온도를 다르게 할 수 있지만, 대체적으로 90~110℃가 가장 적합한 온도이다. 때로는 130℃ 이내에서 요리하기도 하지만 절대 150℃를 넘기지는 말아야 한다. 비어캔 치킨의 경우 150℃를 넘게 되면 캔에 있는 페인트 성분이 녹아나거나 각종 유해 화합물질이 발생하는 등 바람직하지 못한 상황이 연출될 수 있다.

그릴에는 기본적으로 상단부와 하단부에 통풍조절구가 있다. 상·하단 통풍조절구가 모두 열려 있으면 그릴 내부의 온도가 최고로 높아지지만 이 과정에서 온도만큼 중요한 수분도 잃어버릴 수 있다. 따라서 상·하단 통풍조절구를 조절하여 그릴 내부의 온도를 신속하게 제어해야 한다. 상·하단 통풍조절구는 기본적으로 그릴 내부의 온도를 조절하는 기능을 하며 그릴 내부의 수분을 조절하는 데도 중요한 역할을 한다. 하단에 있는 통풍조절구는 온도 차를 큰 폭으로 조절하기에 용이하고, 상단에 있는 통풍조절구는 온도 차를 미세하게 조절하기에 좋다.

상단의 통풍조절구는 수분의 손실을 최소화하여 더욱 부드럽고 좋은 결과물을 얻어내는 데 유용하게 사용할 수 있다. 이는 지속적인 연습과 훈련을 통해 체득해야 하는 부분이다. 왜냐하면 그릴이 있는 장소의 기본적인 기온과 습

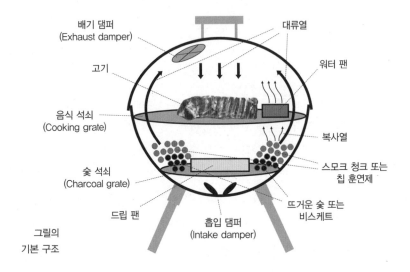

배기 댐퍼
(Exhaust damper)

고기

음식 석쇠
(Cooking grate)

숯 석쇠
(Charcoal grate)

드립 팬

그릴의
기본 구조

대류열

워터 팬

복사열

스모크 청크 또는
칩 훈연제

뜨거운 숯 또는
비스케트

흡입 댐퍼
(Intake damper)

도가 다르고, 사용하는 그릴의 종류가 다르고, 사용하는 연료 또한 다르기 때문에 해당 이론을 수치화하여 정립하기는 매우 어렵다.

오랜 시간의 경험과 연습을 통해 그릴 내부 온도를 원하는 대로 제어할 수 있게 되었다면, 바비큐어로서 기본은 갖춘 셈이다.

열원의 추가와 보충

때로 재료가 다 익기도 전에 열원이 소모하기도 한다. 이런 경우, 처음에 세트업을 할 때처럼 침니 스타터에 보충할 양만큼의 탄을 넣고 위에 있는 탄까지 완전히 점화시킨 다음 그릴을 열고 처음과 같은 방법으로 보충하면 된다.

이 작업은 되도록 신속하게 해야 하며, 탄을 보충하는 과정에서 재가 날리거나 불꽃이 날리지 않도록 주의해야 한다. 침니 스타터에 탄을 보충할 때는 가급적 수평을 이루게 하여 움직이는 것이 좋다. 실수로 탄이 드립 팬에 떨어져 기름이 연소되었다면 그 탄을 외부로 신속하게 빼내 제거해야 한다.

소화

요리가 다 끝났다면 상·하단의 통풍조절구를 완전히 닫아 완벽하게 소화시킨다. 안전하게 소화가 되었는지 확인하기 전에는 절대 그릴 근처를 떠나지 않아야 한다. 급한 마음에 물을 붓는다거나 완전히 소화된 것을 확인하지 않고 자리를 이탈하거나 방치하는 것은 매우 위험하다. 완전히 소화되고 남은 탄은 재사용*이 가능하다.

온도 제어

2-Zone 설정과 간접 요리

열에 따라 식품화합물의 반응이 달라지기 때문에 요리 시 온도를 제어할 필요가 있다. 예를 들어 육류는 단백질, 물, 지방, 콜라겐, 일부 당류로 구성되어 있고 각 요소는 서로 다른 온도에서 급격하게 변화한다.

---

* 탄을 다시 사용할 때는 점화 과정을 거치지 않고, 불이 있는 탄 위에 직접 올려도 된다.

지방은 일정한 온도에서 정제되고 물은 또 다른 온도에서 증발하며 콜라겐 역시 또 다른 온도에서 녹는다. 설탕은 또 다른 온도에서 캐러멜화(Carameli-zation)된다. 카본화(Carbonization) 역시 또 다른 온도에서 진행된다.

2-Zone 세트업　온도 제어가 용이한 방법이다. 한쪽은 직접복사열로 높은 온도의 열을 얻을 수 있고 다른 쪽은 간접대류열을 이용하여 적당한 열을 얻을 수 있기 때문이다. 요리할 때 우리가 많이 하는 실수는 직접열을 너무 많이 사용한다는 것이다. 고기는 너무 높은 열에 노출되면 오그라들어 덩어리가 작아지고 수분이 나와 마른 고기같이 뻣뻣해진다. 이때 2-Zone 세트업을 사용하면 음식에 우호적인 영향을 미치는 온도를 쉽게 제어할 수 있다.

즉 닭고기를 요리할 때 낮은 온도의 간접 영역에서 천천히 시작해서 완성될 때까지 그 자리에서 계속 요리*하는 것이다. 그다음에는 내부 온도를 올리거나 직접 영역으로 이동시키고 스킨과 나머지 부분을 익혀 요리를 마무리한다. 이렇게 하면 간접 영역에서 닭에 부드러운 열을 주고, 완벽한 연기를 내어 육즙과 함께 최상의 결과를 얻을 수 있다.

또 이 방법을 사용하여 립을 천천히 부드럽게 익히면서도 급격하게 오그라들지 않게 할 수도 있다. 그다음 직접 영역으로 이동시켜 특별한 스위트 드라이 럽과 설탕 입자들을 캐러멜화시켜 매우 부드러운 립을 얻을 수도 있다. 부드러운 감자에 번 마크(Burn mark)를 찍어 바삭한 껍질을 만들 수도 있다.

이는 서로 다른 속도로 두께와 수분 함량이 다른 재료를 다른 위치에서 두개 이상 요리하기에 유용한 방법이다. 예를 들어 새우를 간접 영역에서 부드럽게 굽는 동안, 아스파라거스를 직접 영역에서 빠르게 구울 수 있다. 간접 영역

---

* 포크 로인(Pork loin)이나 비프 로스트(Beef roast), 통닭 같은 요리는 직접열 위에 구우면 좋지 않으므로 간접 영역으로 이동시켜 굽는데 이를 2-Zone 로스팅이라고 한다.

에서는 설탕이 들어간 달콤한 럽이나 소스를 굽기에 유용하다. 슬라이스된 파인애플은 직접열 위에서 빨리 구울 수 있는데, 간접 영역에서 굽기 시작해서 고열로 이동시키면 먹음직스러운 갈색을 띠게 된다.

2-Zone 쿠킹　야외 요리를 위한 가장 중요한 기술이다. 이것은 조리면을 뜨거운 직접열 구역과 그리 뜨겁지 않은 간접열 구역으로 분할하는 것으로 온도를 훨씬 편리하게 제어할 수 있다.

3-2-1 립　스페어 립을 요리하는 방법으로 3시간 정도 스모킹한 후, 2시간은 포일에 싸서 조리하고, 1시간은 뒷면을 스모킹하는 방법이다. 2시간 동안 포일에 싸여 요리되는 동안 립은 흐물거리게 된다.

그릴의 온도 제어

모든 그릴은 모양과 형태가 각각 다르나 간접 영역에서 요리할 경우 230℉ (110℃) 이하로 온도를 제어해야 한다. 이 온도는 요리를 최고로 맛있게 만들어 줄 것이다.

차콜 그릴에서는 숯을 한쪽으로 밀어 넣는다. 가스 그릴에서는 한두 개를 제외한 나머지 버너를 모두 끈다. 스리 버너에서는 버너 두 개를 끄고 하나만 켜서 230℉(110℃)를 맞추는 방법을 알고 응용할 수 있어야 한다. 온도가 더 낮아야 할 수도 있지만 뜨거운 직접 영역에 있지 않다면 약간의 온도 차는 크게 문제되지 않는다.

뜨거운 영역으로 음식을 이동시킬 때는 작업 안전에 주의해야 하며 상황에 맞추어 큰 접시나 집게, 뒤집개 등을 활용하면 편리하다. 다시 음식을 넣을 때는 위생적이면서도 섬세하게 작업해야 하고, 전체 개념을 잘 이해하고 있어야 한다. 이 작업을 수행하기 위해서는 정확하면서도 반응 속도가 **빠른**, 믿을 만한 온도계가 필요하다.

드립 팬과 워터 팬의 사용

여기서는 드립 팬(Drip pan)과 워터 팬(Water pan)을 구별해보도록 한다. 각 팬은 고유의 기능과 역할이 있는데 때로는 두 가지를 같이 사용하거나 다른 방식으로 사용한다. 대개 드립 팬은 음식을 따라 이동하고, 워터 팬은 열원을 따라 이동한다.

드립 팬

드립 팬(Drip pan)의 목적은 소스 또는 스톡과 고기에서 떨어지는 주스(Jus)를 수집하는 것이다. 이때 약간의 물을 부어 직접적인 가열을 막는 것도 좋은 방법이다. 이렇게 하면 드립 팬이 워터 팬의 역할을 어느 정도 하게 된다. 물을 적재할 경우, 드립 팬은 불에서 열을 흡수하고 그릴의 온도를 떨어뜨린다. 물 표면에 기름층이 형성되지 않을 경우 조리실에 습도를 추가할 수도 있다. 표면에 기름층을 형성해 기화를 방해하면 습도를 추가하는 역할을 할 수 없게 된다.

　드립 팬을 사용하면 고기의 건조함을 방지하고 육즙이 타는 것을 막을 수 있다. 물을 부을 때는 꼭 뜨거운 물을 붓도록 한다.

워터 팬

워터 팬(Water pan)은 그릴 내의 수분과 온도를 조절하기 위해서 사용한다. 웨버 스모키 마운틴 같은 일부 워터 스모커에는 워터 팬이 달려 있다. 워터 팬은 국물 요리를 위해 설계된 것은 아니다. 이를 사용할 때는 그릴 및 스모커에 가장 적합한 것을 사용해야 한다.

- 일반적인 상태에 있는 순수한 물의 끓는 점은 212℉(100℃)이다. 하지만 그릴 내부 온도가 그 이상 올라간다고 해도 워터 팬의 물은 끓지 않는다.
- 물은 그릴의 온도를 안정시킨다. 물의 온도 상승은 공기의 온도 상승보다 더 오래 걸리므로, 요리 시 그릴 내 온도 변화를 최소화하는 데 도움을 준다.
- 워터 팬은 직접열을 간접화염으로 바꾸어 열을 차단해준다.
- 워터 팬은 올라오는 열의 방사 표면이 되어 핫스폿을 고르게 분산시킨다.
- 그릴 내 수증기는 연기와 함께 훈연효과를 극대화하며 맛을 향상시켜준다.
- 수증기는 연기와 결합하여 고기에 작용해 스모크 링 형성을 돕고 풍미를 더한다.
- 습도는 고기를 축축하게 유지해준다. 증발된 수증기는 고기 표면을 냉각시켜 요리 시간을 길게 만든다. 결합 조직과 지방을 녹일 때는 더 오랜 시간이 필요하다.
- 보충수로는 뜨거운 물을 사용한다. 냉수는 뜨거운 그릴을 냉각시키는데, 꼭 필요한 경우에만 사용한다. 리필 뚜껑을 열고 아래 팬에 보충하면 된다.

간혹 특별한 스모킹을 원할 때가 있는데, 이런 경우 육류 밑에 워터 팬을 설치하면 그릴 내부 공기에 수분을 더할 수 있다. 만약 워터 팬이 열원보다 크다면 직접열로부터 고기를 보호하는 부수적인 역할도 한다. 워터 팬의 물은 열을 내려 온도를 낮추는 완충작용을 한다. 스모킹은 낮은 온도에서 오랜 시간 고기의 겉면을 말리면서 이루어지게 된다.

공기 중에 습도는 고기를 촉촉하게 유지하는 데 도움을 줄 수 있다. 또한 수분은 그릴 내 연기와 혼합해 바람직한 풍미를 증가시키고 훈연효과를 극대화시켜준다.

워터 팬에 필요한 것은 물이다. 와인, 주스, 맥주 등*을 사용하거나 때로는 허브를 넣기도 하는데 이들은 풍미에 별다른 영향을 미치지 않는 재료로, 돈만 낭비하게 만든다. 즉 보충수로는 뜨거운 물이면 충분하다. 바비큐의 재료는 이미 연기나 소스로 처리되거나 표면에 묻어 있는 양념 마사지 등이 되어 있으므로 물 외의 것을 보충할 필요는 없다.

결과물 꺼내기와 휴지기

완성된 요리는 튼튼한 집게나 터너를 사용해 안전하게 옮겨 담는다. 완벽하게 준비되지 않은 상태에서 과정을 진행하는 것은 금물이다. 안전을 위해서는 양손에 면장갑을 낀 상태에서 그 위에 다시 한 번 위생을 위한 조리용 실리콘 장갑을 껴야 한다. 일회용 비닐장갑은 열에 약할 뿐더러 착용감이 완전하지 않아 바비큐 요리에 사용하기에는 적합하지 않다.

안전하게 옮겨 담은 결과물은 뚜껑을 덮거나 종이포일로 한 번 싸고 알루미늄 포일로 다시 감싼 뒤 일정 시간 상온에서 안정화시키면서 휴지기(Resting)를 갖는다. 어떤 사람들은 상온에 그냥 두어도 상관이 없다고 하지만 그렇게 하면

---

* 워터 팬에는 물 외에 다른 것을 사용하지 않는 편이 좋다. 맥주, 와인, 주스 같은 액체 화합물은 대부분 증발하지 않고 음식의 풍미에 영향을 미치지 않는다.

수분의 손실을 막기는 어렵다.

종이포일로 한 번 감싸고 알루미늄 포일로 재차 감쌀 때는 고기 표면과 최대한 밀착해서 완벽하게 밀봉해야 한다. 이 과정에서 요리 중 한쪽으로 몰렸던 수분이 다시 내부에 골고루 퍼져 들어가 결과물이 부드럽고 촉촉해지게 된다.

고기에 내장된 열은 이월되어 그릴 안에서 결과물을 꺼냈을 때도 계속해서 내부로 조리되어 들어가는데, 이것을 이월효과(Carry over effect)라고 부른다. 고기는 서브하는 동안 익어가기도 한다.

썰기

고기는 어떤 두께로 어떤 방향으로 써느냐에 따라 각각 다른 질감을 얻게 된다. 고기는 두꺼울수록 씹는 느낌이 강하고, 얇을수록 부드러운 느낌이 강해진다. 고깃결과 같은 방향으로 썰으면 강한 느낌이 들고, 고깃결과 반대 방향으로 씹으면 부드러운 느낌이 든다.

'육회의 명인'이라고 불리는 어떤 사람은 횟감의 반을 고깃결 방향으로, 나머지 반은 고깃결의 반대 방향*으로 썰어서 씹는 질감과 부드러운 느낌을 동시에 준다고 한다. 이렇듯 고기는 써는 방향, 두께에 따라 얼마든지 질감이 달라질 수 있다.

바비큐 플레이팅

바비큐 플레이팅(Barbecue plating)은 지금까지 고생한 것에 대한 보상을 받는 순간이다. 이 순간을 놓치고 싶어 하는 바비큐어는 아무도 없을 것이다. 플레이팅에는 아웃도어 요리의 넉넉함과 여유로움을 그대로 담아내면 된다. 레스토랑 못지않은 화려한 장식을 할 수도 있고, 주변에 있는 거친 용기에 담아 소박하게 차릴 수도 있다. 간단한 장식도 나쁘지 않다. 명심할 것은 바비큐라는 음식이 공동운명체의 생존에서 시작되었다는 것을 잊지 않는 것이다.

다시 한 번 강조하지만 바비큐는 맛뿐만 아니라 그것을 만든 사람에게 더 감동하게 되는 음식이다. 이를 명심하면 언제나 최고의 바비큐를 만들어낼 수 있을 것이다.

---

* 고기를 고깃결의 반대 방향으로 썰어 식감을 부드럽게 하는 방법으로 크로스 커팅(Cross cutting)이라고 한다. 주로 양지(Brisket)를 썰 때 사용한다.

4
바비큐 소스

BARB

FCUF

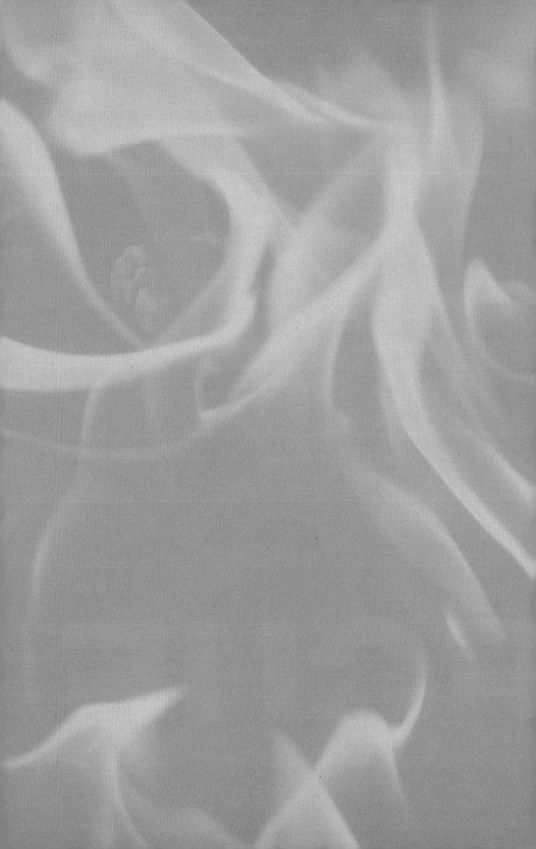

4

바 비 큐   소 스

"소스란 주인공은 아니지만 주인공보다 더 빛나는 조연이다."

— 샤카(Shaka)

인간이 처음 음식에 소스를 넣을 생각을 한 것은 아주 오래전의 일이다. 빙하 시대와 기록 역사 시대 이전에 살던 누군가가 훈연이 고기를 보존하는 데 도움이 된다는 사실을 알아낸 것이다. 그는 짠 바닷물에 고기를 담그면 보존에 도움이 된다는 사실도 알아냈다. 또 다른 누군가는 고기를 소금으로 감싸면 보존에 도움이 사실을 알아냈다. 뜨거운 태양 아래나 불 근처에서 건조시키는 방법도 알아냈다. 이렇듯 연기와 소금은 항균작용을 하며, 탈수는 부패를 지연시킨다.

조상들은 연기, 소금, 씨앗, 잎이 맛과 식감을 개선한다는 사실을 발견했다. 이후 시간이 흐르면서 인류는 와인과 식초, 오일을 고기에 바르는 것이 좋다는 사실도 알아냈다. 보존된 고기, 특히 말린 고기는 종종 물, 기름, 주스, 유제품, 혈액 등을 기반으로 한 액체 소스에 담가 환원하여 스튜로 만들어야 했다. 소스라는 단어는 소금을 뜻하는 고대의 단어에서 온 것으로 알려져 있다.*

---

* 소스는 부패한 고기의 냄새나 맛을 감추기 위해 발명된 것이 아니다. 부패한 고기를 섭취하면 인간은 생명에 위협을 받는다. 소스는 음식의 나쁜 맛을 가리는 데 사용되어서는 안 된다.

헤롤드 맥기(Harold McGee)의 음식과 요리에 관한 책에 따르면 기원전 239년에 이미 중국 요리사 이인이 《부엌에 관한 과학과 지식(The Science and Lore of the Kitchen)》에서 단맛, 신맛, 쓴맛, 매운맛, 짠맛과 소스의 조화로운 균형이 얼마나 중요한지 설명했고, 《마스터 루의 춘추(Master LU's Spring and Autumn Annals)》에는 이들의 조화로운 혼합이 언급되어 있다.

> "가마솥에서 발생하는 변화는 본질적으로 놀라운 일이다. 그 미묘함과 섬세함은 말로 표현할 수 없고, 마음에 비추어서도 표현할 수 없다. 이것은 활쏘기나 말 타기의 미묘함과 같다. 음과 양의 변화 또는 사계절의 혁명이다."

이처럼 달콤함과 새콤함이 혼합된 소스는 음과 양에 비유됨은 물론, 중국의 전통적 명물로 자리 잡아 바비큐 소스의 핵심이 되었다. 헤롤드 맥기는 서기 25년에 쓰인 라틴어 시를 인용했다.

> "그것은 허브, 치즈, 오일, 식초 그리고 편평한 빵을 더해 빻는 농부를 묘사한다. 이는 피자나 칼초네(Calzone) 같은 편평한 빵 같은 인상이고 페스토 제노비스(Pesto genovese)처럼 굉장히 작은 조각의 페이스트 모양이다."

4~5세기의 유명한 식도락가 아피키우스(Apícius)의 요리책에는 약 500개의 요리법이 수록되어 있는데, 그중에서도 100개 이상의 항목이 소스에 대한 것이다. 그중 가룸(Garum)이라 불리는 생선 발효 소스는 매우 중요한 것이었다.

캔터키 블랙 바비큐 소스와 페린스 우스터시어 소스(Worcestershire sauce)*는 1837년에 영국에 소개되었다가 1849년에 미국에 재등장한다. 이후 프랑스,

---

* 우스터시어 소스의 재료 목록을 보면 우측 상단에서 앤초비(Anchovie)를 찾을 수 있다. 앤초비는 감칠맛을 내는 훌륭한 소스다. 우리는 오늘날 바비큐 소스 레시피에서 이 소스를 쉽게 찾아볼 수 있다. 우스터시어는 우리 주변 바비큐 소스의 근간이라 할 수 있다.

이탈리아, 스페인, 포르투갈 요리사들이 소스와 그레이비의 주인이 되었다. 프랑스 주방에서 소스를 전문으로 하는 요리사(Saucier)의 타이틀은 쉽게 얻을 수 있는 것이 아니었다.

1492년에는 콜럼버스가 바다를 항해했고 스페인의 사람들도 새로운 세계를 탐험하기 시작했다. 그들은 물고기, 도마뱀, 작은 동물을 훈연하기 위한 나무 장치를 가진 원주민을 발견했다. 1539년에는 헤르난도 데 소토(Hernando de Soto)가 배 아홉 척과 약 600명의 사람들을 데리고 플로리다 템파(Tempa) 근처에 상륙했다. 시간이 한참 더 흐른 1620년에는 102명을 태운 메이플라워호가 템파 근처에 도착했다. 그들은 금과 은을 찾았다. 새로운 친구를 만들었고 원주민들에게 고기를 대접했다. 원주민들은 돼지고기를 좋아해서 백인들로부터 돼지를 훔치기도 했다. 그들은 재료의 보존을 위해 소스를 사용했다. 고기는 염장하여 건조시켰다.

스페인은 사람들은 플로리다와 멕시코 여러 곳에 식민지를 개척했다. 네덜란드인들은 뉴암스테르담(지금의 뉴욕)에 말뚝을 박았고, 프랑스인들은 캐나다와 뉴올리언스에 정착했다. 독일인들은 대접이 좋았던 사우스캐롤라이나 찰스톤의 항구에 정착했다. 그들은 새로운 세계의 훈제 바비큐 고기와 구이와 소스를 바탕으로 정착지에서 자신들만의 요리 전통을 만들어갔다. 그렇게 탄생한 첫 번째 바비큐 소스의 주된 재료는 버터**였다. 또한 오늘날 남부 캐롤라이나 지역에서 여전히 사랑받는 노란색 바비큐 소스도 만들어냈다.

1963년 프랑스의 쟝 B. 라봇(Jean B. Labot)이 쓴 《새로운 미국 제도 여행》을 보면 향기로운 허브와 스파이스들이 채워진 통돼지 바비큐에 대한 설명이 나온다. 그는 돼지의 배를 위로 가게 해서 바비큐를 구웠다. 그리고 녹은 버터***와

** 버터는 약 65℉(18.3℃)에서 녹기 시작하여 충분히 부드러운 상태가 되기 시작하고, 85℉(29.4℃)에서 녹는다.

*** 프랑스인들은 버터 없이 아무것도 만들 수 없다. 그들은 고기 주스를 아주 좋아한다.

카옌 페퍼, 세이지 소스를 발랐다. 이는 쟝의 고향에서 인기 있는 기술이었다.

1867년에 미국에서는 남북전쟁이 끝나고 모든 노예 요리사들이 해방되었다. 그후 조지아에 살던 미시즈 AP 힐(Mrs. AP hill)은 새로운 요리책에 "국가적 문제뿐만 아니라 우리의 가정의 특유한 이 위기에서… 젊고 경험이 부족한 남부 주부들까지…"라는 문구를 적었다. 그녀의 요리책에 등장하는 소스의 주된 재료는 버터와 식초였다.

"바비큐를 위한 소스에서 버터의 절반 파운드를 녹이고 머스터드 큰 테이블 스푼을 넣고 저어가며 섞는다. 레드 페퍼 반 작은술, 검은 것 하나, 소금을 첨가하고 소스가 강한 신맛을 낼 때까지 섞는다. 식초 양은 강도에 따라 달라질 것이다. 고기가 뜨거워지자마자 바르기 시작하고 익을 때까지 베이스팅(Basting)을 계속한다. 약간 남은 소스는 고기 위에 붓는다."

이후 1880년대의 여러 신문 기사에서 미시즈 힐이 만든 것과 같은 바비큐 소스를 찾아볼 수 있다. 소스에는 대부분 소금, 후추와 함께 버터와 식초가 사용되었다.

소스의 변천사

바비큐 소스로 볼 수 있는 첫 번째 레시피는 로드아일랜드 주 프로비던스 섬의 에디트 록우드 다니엘슨 하워드(Edith lockwood danielson howard) 부인의 요리책에 적혀 있다. 프로비던스 섬에 있는 기록 보관인은 이 기록이 1900년에 쓰였다고 믿었다. 그러나 토마토소스 레시피는 크리스코(Crisco)에서 언급되었고,

1911년 프록터와 갬블(Procter & Gamble)에 의해 소개되었다. 이것은 다른 초기 소스들처럼 기름이 많이 들어가는 것이었다.

비슷한 시기인 1913년에는 《오래된 남부의 음식과 음료(Dishes And Beverages Of The Old South)》라는 책이 출간되었다. 저자인 마사는 1848년 테네시에 있는 가족의 농장에서 태어났다. 그녀는 하녀에게 배운 레시피를 가지고 아버지와 함께 몹(Mop)과 소스를 만들어냈다. 그녀는 아래와 같이 당시를 회상했다.

"아버지는 그것을 이렇게 만들었다. 달콤한 돼지기름(Lard) 2파운드를

하워드 부인의 바비큐 레시피(1903)

오일, 크리스코, 또는 버터 1/4컵
다진 양파 1/2컵
피망 1/2컵
셀러리 1/2컵
당근 1/2컵
토마토 2½컵
토마토 페이스트 1/2컵
소금 1작은술
월계수잎 1장

하워드 부인의 바비큐 소스(1913)

버터 1/4파운드
물 1/4컵
건조 겨자 1작은술
카옌을 끼얹은 타바스코 소스 1작은술
파슬리 다진 것
토마토케첩 2큰술
레몬 주스 2큰술
식초 2큰술
양파 소금 1/2작은술
토마토소스 1큰술

황동 주전자에서 녹였다. 갈지 않고 두드린 검은 후추 1파운드와 붉은 고추를 마디를 넣고 뚜껑을 덮지 않고 1파인트(0.473리터)의 물에 부드럽게 조렸다. 분말 허브 한 숟가락 1쿼트와 강한 사과 식초 1파인트, 소금 약간과 함께 반 시간 동안 뭉근히 끓여 바비큐를 만들었다. 그다음에는 신선하고 깨끗한 몹으로 혼합물을 섞어 살살 칠했다. 그리고 도체 양쪽 상단 위에 가볍게 발랐다. 숯불 위에는 한 방울도 떨어뜨리지 않았다. 그것은 연기를 위로 보낼 것이고 그로 인해 고기에 가벼운 잿더미의 막을 만들 것이다. 이후 테이블에 고기를 올렸다. 맛(Flavor), 풍미(Savor) 등이 최고였다."

1926년 12월 6일에는 〈로스앤젤레스 타임스〉에 〈내일의 식사를 위한 요리사 와이먼의 제안〉이라는 칼럼이 실렸다. 와이먼은 칼럼에서 어린 양의 고기를 조리하는 방법에 관해 설명하면서 부수적인 레시피를 적었는데 이게 바로 바비큐 소스에 대한 것이었다.

"작은 냄비에 두 레벨 무염 버터를 1큰술 가득 녹이고 겨자 1티스푼, 우스터시어 소스 3큰스푼, 타라곤 식초 1티스푼, 토마토케첩 3큰스푼 가득, 타바스코 소스 몇 방울을 추가했다."

1930년대 대공황기에 미국 연방작가프로젝트(Federal Writer's Projec)는 《미국의 먹거리》라는 책을 출판하기 위해 실업 중인 작가들을 모아 바비큐 레시피를 수집했다. 안타깝게도 이 책은 1941년에 제2차 세계대전이 발발하면서 세상의 빛을 보지 못하게 되었다. 원고에는 미시시피 잭슨에 사는 핑키 랭글리(Pinky langley)라는 남자가 보낸 몇 개의 바비큐 레시피가 포함되어 있었다. 그의 소스 레시피를 보면 재료를 섞어 30분 동안 요리한 후 자주 뒤집어서 고기에 바르도록 되어 있었다.

　　캘리포니아의 〈선셋 매거진〉에 의해 1938년에 출판된 《선셋 바비큐 북》에는 마리네이팅(Marinating), 베이스팅(Basting), 서빙(Serving)에 관해 소개하고 있으며 바비큐 소스 레시피 세 개가 적혀 있다. 그중 하나가 바로 어린 양을 위한 허브 바비큐 소스(Herb barbecue sauce for lamb)로 양파, 마늘, 로즈메리, 민트, 식초, 물을 섞은 짭짤하고 맛있는 소스였다. 스테이크나 햄버거에 대한 바비큐 소스(Barbecue Sauce For Steaks Or Hamburgers)는 같은 양의 케첩과 올리브 오일에 버터, 겨자, 우스터시어, 강판에 간 양파와 마늘, 레몬주스, 소금, 후추를 섞은 것이었다. 서클 J 바비큐 소스(Circle J Barbecue Sauce)는 텍사스 소스만큼이나 복잡했다. 여기에는 버터 2/3컵, 케첩 1/2컵, 물 3컵, 적은 양의 양파, 마늘, 겨자, 호스래디시(horseradish), 허브, A1 또는 우스터시어(Worcestershire), 타바스코, 고춧가루, 소금, 검은 후추, 그리고 설탕 2작은술이 들어갔다.

　　1954년에 제임스 비어드(James Beard)가 쓴 《바비큐 & 로티세리 쿠킹》에는 다음과 같은 레시피가 나온다. 그는 베이직 바비큐 소스의 레시피로 오일 1컵, 토마토소스 1컵, 우스터시어 소스 1컵, 레드 와인 식초 1컵, 여기에 추가로 양파와 마늘과 피망(Green peppers), 갈색 설탕, 로즈메리, 타임, 파슬리를 넣는다고 적었다.

1930년대 후반 델타 지역의 에두라 웰티(Eudora Welty)가 쓴 레시피를 보면 버터 2파운드, 웨슨 오일(Wesson oil) 2컵, 상업 바비큐 소스(Commercial barbecue sauce) 2컵, 식초 1컵, 레몬주스 1컵, 토마토케첩 4컵, 우스터시어 소스 1컵, 타바스코 소스 1큰술, 다진 마늘 2개를 넣고 소금과 후추는 기호에 따라 넣는다고 되어 있다.

상업용 바비큐 소스

최초의 상업용 바비큐 소스는 애틀랜타에 있는 조지아 바비큐 소스 회사에서 만든 것으로 알려져 있다. 다음은 1909년, 애틀랜타에서 게재된 광고의 문구이다.

> "조지아 바비큐 소스는 쇠고기, 돼지고기, 양고기, 생선, 굴, 그리고 모든 종류의 불치*, 튀김과 구이를 위한 요리 과학이 밝혀낸 최고의 드레싱이다. 채소를 위한 드레싱과 브런즈윅 스튜(Brunswick Stew)의 마무리를 위해서는 이 소스만 한 것이 없다."

또한 1917년에는 애덤 스캇(Adam Scott)이 자신의 레스토랑에서 바비큐 소스를 사용했다. 스캇은 한 선지자가 꿈에 찾아와 바비큐 소스 만드는 법을 알려주고 갔다고 말했다. 스캇의 소스 레시피의 주된 성분은 식초였다. 이 방법은 그의 아들인 마텔 스캇(Martel Scott)이 물려받아 여기에 약간의 스파이스를 혼

---

* 사냥으로 잡은 새나 짐승을 일컫는 말이다(game).

합하였다. 스캇 가족의 바비큐 소스는 오늘날까지도 사용되는 동부 캐롤라이나의 고전 소스이다.

또 다른 고전 소스로는 아베의 바비큐 소스(Abe's Bar-B-Q Sauce)가 있다. 이 소스는 1924년에 바비큐와 블루스로 유명한 델타 지역에 있는 미시시피 클럭스데일에서 처음 만들어졌다.

혹자는 바비큐 소스를 처음 병입한 것이 1948년 피츠버그에 있는 H. J. 하인즈라고 말한다. 하지만 실제로 병에 담긴 소스를 만든 것은 세인트 루이스의 루이스 몰(Louis maull)

애틀랜타에서 게재된 바비큐 소스 광고(1905)

이다. 물론 1948년에도 피츠버그에 하인즈 컴퍼니가 있었다. 하인즈는 1957년부터 세계 시장에 진출하였지만, 병에 담긴 소스를 처음 개발한 것은 아니다.

1897년에 몰(Maull)은 마차에서 식료품을 판매하였다. 그는 생선과 치즈 도매로 꾸준히 성장하였다. 1920년에는 조미료 라인을 생산하여 제조업을 시작했으며 1926년에는 바비큐 소스를 세상에 내놓았다. 이 소스는 현재까지도 인기가 좋다.

1931년에는 몸 에드워드 그리핀(Mangham Edward Griffin)이 조지아 메이컨에서 피크닉을 위한 바비큐 소스를 만들었다. 이 소스는 탄생 이후 4년 동안 명성을 쌓아갔다. 몸은 식료품 가게를 하는 동생에게 몇 병을 팔았다. 1935년에 12병을 구입한 이후 이 소스들은 불티나게 팔려나갔다. 이에 따라 1935년에는 몸이 직접 부엌에서 소스를 만들어 자기 사업을 시작했다. 그는 "여성의 이름을 붙인 제품이 남성의 이름을 붙인 것보다 잘 팔리는 것 같다."는 아내의 조언에 따라 이 소스의 이름을 미시즈 그리핀의 바비큐 소스(Mrs. Griffin's barbecue sauce)라고 지었다. 이 회사는 여전히 메이컨에서 오리지널, 히코리 훈

퀵믹스 바비큐 소스 광고(1957)

제, 그리고 매운맛 등 세 가지의 소스를 만들고 있다. 이 제품은 사우스캐롤라이나의 소스와 유사하게 머스터드를 기반으로 한 것이다.

1957년에는 크래프트가 퀵믹스 바비큐 소스 패킷과 함께 다목적 오일을 판매하기 시작했다. 그는 19가지 허브와 과일주스 2종, 갈색 설탕, 식초, 케첩을 혼합한 레시피를 선보였다. 퀵믹스 바비큐 소스 광고에는 다음과 같은 문구가 등장한다.

"가금류, 해산물, 햄버거, 소시지를 다른 고기와 제공한다. 당신이 이제까지 경험해보지 못한 가장 놀라운 바비큐 소스를 경험하게 해준다."

이 소스는 오늘날 식료품점의 진열대나 홈페이지에서 여전히 판매 중이다.

현대 바비큐 소스

오늘날의 바비큐 소스* 중 가장 인기 있는 것은 케첩을 기반으로 한 캔자스시티 스타일의 소스이다. 초기에는 케첩 대신 아시아의 생선 소스나 우스터셔 소스가 주를 이루었다. 일부에서는 버섯을 기반으로 한 소스를 즐기기도 했다.

---

* 현대의 바비큐 소스에는 대부분 과당 옥수수 시럽(HFCS)이 들어 있는데 이 성분이 논란이 되고 있다.

그러다가 하인즈가 1875년에 처음으로 토마토를 기반으로 한 케첩을 도입하면서 케첩의 시대가 열리게 되었다. 케첩은 토마토 페이스트, 식초, 설탕, 향료로 만들어졌다. 캔자스시티 스타일의 바비큐 소스를 구분하는 기준은 케첩, 식초, 감미료, 허브, 향신료, 액체 연기(Liquid smoke)를 사용했느냐이다.

여러 상업용 소스에는 액체 연기가 포함되어 있다. 이는 단단한 나무를 태울 때 나는 연기를 알코올 속에서 용해하여 정제 성분을 잡아낸 것으로, 이를 소스에 추가하면 재료의 맛을 더할 수 있다. 하지만 쿠커 안에서 다른 재료의 맛에 영향을 주지는 않는다. 순수주의자들은 인위적으로 만든 풍미를 싫어하지만, 야외에서 요리할 때 매우 도움이 되는 풍미임은 확실하다.

이렇듯 미국의 현대적 바비큐 소스는 토마토를 원료로 한 케첩을 기반으로 액연(Liquid smoke)까지 사용하는 전통적인 소스 문화의 파격적 변화를 가져왔지만 우리의 바비큐 소스 문화는 전통적으로 납득할 수 있는 재료와 제조법을 사용하는 것이 보편화되어 있다.

우리나라의 소스 재료는 서양의 소스 재료와 달리 그 폭과 종류가 매우 다양하며 산지에 따라 맛이 달라진다. 거기에 배합 비율과 조리 환경, 손맛이라고 하는 보이지 않는 요리사 개인의 테크닉에 따라서도 맛이 천차만별이다.

서양의 바비큐 소스가 식초와 머스터드, 케첩과 토마토를 기반으로 한 단순한 형태라면, 우리나라의 소스는 매우 섬세하고 다양하며 위생적이다. 우리의 소스는 지금껏 발전해온 것보다 앞으로 더 많은 변화와 진화를 거듭할 예정이다.

서양의 바비큐 소스에서는 찾아볼 수 없는 다양한 한국 소스가 우리나라의 소스 디자이너(Sauce designer)나 소스 크리에이터(Sauce creator)에 의해 세계 시장에 등장할 날을 기대해본다.

소스와 드레싱

소스

아웃도어 문화의 꽃은 바비큐이고, 바비큐의 꽃은 소스이다. 소스는 완성된 음식에 색과 향, 맛을 더하여 요리의 비주얼과 풍미를 돋우는 데 큰 영향을 미친다. 좋은 소스는 주요리의 맛을 해치지 않으면서 맛을 완성시켜준다. 따라서 훌륭한 바비큐어라면 훌륭한 요리 실력뿐만 아니라 소스를 만드는 실력을 갖추는 것이 기본적인 소양이며 역할이라 할 수 있다.

드레싱

샐러드나 전채요리에 사용되는 것으로 샐러드유와 식초, 소금과 후추를 기본으로 하고 잘게 썬 채소와 각종 향신료를 집어넣어 구미에 맞게 만들어 샐러드나 전채요리에 살짝 끼얹는다. 옷을 입히듯 겉면에 살짝 입힌다고 해서 드레싱(Dressing)이라고 부른다.

폰즈

맑은 소스의 일종인 폰즈(Ponzu)는 각종 채소 및 고기를 우려낸 국물에 간장, 소금, 식초, 설탕 등의 조미료를 가미하여 만들어낸 것으로 대개 찍어 먹는 용도로 사용된다.

스프레드

스프레드(Spread)는 딥(Dip)보다 농도가 진하며 좀 더 오래 보관할 수 있다. 레몬주스, 식초, 크림, 마요네즈를 묽게 하여 딥으로 만들어 쓰기도 한다. 보통 하루 전에 냉장고에 두고 다른 여러 가지 재료와 내거나 발라서 낸다. 과일류와 가벼운 스낵, 맑은 수프 등의 에피타이저에 이용하기 좋다.

딥

"살짝 적신다", "담근다"는 의미를 가진 딥(Dip)은 일종의 틱 소스(Thick Sauce)로 그 자체만으로는 구실을 하지 못하며 크래커나 칩, 토스트(카나페) 등에 올려놓는 데 쓰인다. 주로 치즈를 많이 이용한다.

바비큐 주요 테크닉

럽

럽(Rub)은 소금과 후추를 기본으로 하여 각종 허브와 스파이스 등을 섞은 혼합 재료를 굽고자 하는 재료 표면에 고루 발라, 일정 시간 안정화 및 숙성 과정을 거친 것이다. 요리에 맛과 향, 간, 풍미, 컬러를 더하는 사전 작업 과정을 일컫는 말이다.

럽에서 가장 중요한 것은 소금의 사용이다. 소금은 기본적으로 음식에 간을 부여하며 이외에도 여러 가지 역할을 한다. 음식의 부패를 막거나 재료의 특성을 변화시켜 완성도 높은 결과물을 만들어내는 데 가장 중요한 요소가 바로 소금인 것이다.

후추 또한 소금과 함께 기본적으로 쓰이는 향신료이다. 후추는 분말 형태로 가공된 제품보다는 필요에 따라 바로 갈아 쓰는 통후추가 좋다. 바비큐의 특성상 아주 고운 형태의 분말보다는 작은 알갱이 형태로 사용해야 후추의 맛과 향이 극대화될 수 있다.

마지막으로 빼놓을 수 없는 것이 바로 향신료의 사용이다. 이 부분은 별도로 다루겠지만 과거의 경험과 각기 다른 향과 특성의 혼합으로 사용하는 만큼 향신료 간의 작용이 긍정적이어야 한다. 따라서 재료에 어울리는 향신료의 특성을 공부하고 이해하는 일이 필요하다. 수많은 경험과 훈련을 통해 나만의 럽과 시즈닝을 만드는 것도 의미 있는 일이다. 이는 바비큐에서 간과할 수 없는 매우 중요한 과정으로, 반복적인 연습과 깊은 고민을 통해 훌륭한 바비큐를 만드는 실력을 갖출 수 있다.

구이 재료에 따라 사전에 럽 치밀하게 조합할 수 있는 재료가 준비되어야 하며 이 과정에서 결과물의 풍미가 결정된다. 물론, 쿠킹 과정에서 그릴 선택과 온도, 훈연 재료, 스킬과 드래프트(Draft) 역시 결과물에 영향을 미칠 수 있다.

드라이 럽　　드라이 럽(Dry rub)은 마른 소금과 후추를 기본으로 각종 건조한 향신료를 섞어 만든 가루로 된 혼합 재료와 그것을 재료에 발라 문지르는 과정을 말한다.

웨트 럽   웨트 럽(Wet rub)은 소금과 후추를 기본으로 각종 혼합 향신료에 오 일등과 같은 액체를 섞어 만든 젖은 혼합 재료를 말한다. 이것도 마 찬가지로 재료에 발라 문지르는 과정을 거친다.

시즈닝

시즈닝(Seasoning)은 소금과 설탕, 후추 등 각종 허브와 스파이스를 가미한 양 념을 일컫는 말이다. 럽과 달리 간을 맞추는 데 쓰인다. 대개 완성된 음식에 뿌 리거나 바르거나 찍어 먹는 용도로 사용된다.

요즘에는 동네 마트 진열대에서도 상업용 시즈닝을 찾아볼 수 있지만 바비 큐 전문가들은 사용하지 않는다. 바비큐를 즐기는 사람이라면 시즈닝은 스스 로 만들어 쓰는 편이 좋다.

마리네이드

마리네이드(Marinade)란 재료에 맛과 향, 간, 색깔을 가미하고자 각종 향신료와 스파이스, 채소나 과일 등 여러 가지 재료를 혼합해 액을 만들고 그 액에 일정 시간 재료를 담가 안정화 및 숙성시키는 전처리 방법이다. 우리나라 사람들이 불고기를 잴 때 사용하는 방법이 바로 마리네이드이다.

염지

염지(Curing)는 기원전 2000~3000년 전부터 중국, 그리스, 로마, 이스라엘 등에서 음식을 저장하기 위해 사용했던 염장법이다. 식품의 저장성이나 발색, 풍미, 살균 등을 증진시킬 목적으로 실시되는 처리 방법이다. 염지를 통해 얻을 수 있는 효과는 다음과 같다.

• 짠맛이 생긴다.
• 미생물의 증식 억제로 보존성이 높아진다.
• 보수율이 높아진다.
• 특유의 염지 육색이 만들어진다.
• 보툴리누스균의 생육이 억제된다.
• 염지육 특유의 바람직한 풍미가 조성된다.
• 지방질의 산화가 억제된다.

나열된 효과 중 첫 번째부터 세 번째까지는 식염의 작용으로 이루어진다. 네 번째부터 마지막 항목까지는 소금도 일련의 작용을 하지만 좀 더 확실한 효과를 얻기 위해 아질산염에 의해 발현되는데, 이것이 그리 탐탁지 않은 것이 솔직한 심정이다. 최근에는 육제품에서도 소금을 줄이는 경향이 나타나고 있다. 식염만으로는 효과가 충분하지 않기 때문에 그것을 보충하기 위해 상업용 제품에는 여러 가지 첨가물이 들어가게 된다.

염지에는 건염, 건당염, 압염, 온염, 당염, 복합염지법 등 다양한 방법이 있지만 여기서는 대표적인 건염과 액염에 관해서만 알아보기로 한다.

건염법　건염법(Dry Curing)은 속에 재료를 파묻거나 문질러 염지하는 방법으로 껍질을 벗기지 않은 재료에 사용된다(소금에 다른 재료나 허브, 스파이스를 혼합하여 사용할 수 있다.). 염지 기간은 kg당 약 하루 정도가 소요된다 (2~4℃의 실온에서). 이를 이용하면 고가 제품의 생산이 가능하고 수분 함량이 적어져서 저장성이 증가한다. 염지 기간이 길어지는 것이 단점이다.

액염법　액염법(Pickle Curing)은 염지액주사법을 병행하기 위한 피클링 (Pickling)액의 상태에 따라 맛과 풍미가 달라진다.* 염지액의 염도는 재료의 종류, 중량, 두께 등 여러 가지 요인에 따라 달라지므로 염지하고자 하는 재료에 대한 분석을 우선하도록 한다. 보통 바닷물의 염도인 3%나 그보다 좀 더 높은 5%를 많이 사용한다.

• 0~4℃의 냉장실에 2~3일간 숙성시켜 사용한다.
• 염지액의 양은 원료육 중량의 50% 이상을 제조하여 사용한다.
• 염지 기간은 kg당 4~5일로 한다(주사할 경우 절반 정도로 단축).
• 염지 온도는 2~5℃ 이내로 하고 자주 뒤집어준다(온도 절대 엄수).

기타 테크닉

인젝션　인젝션(Injection)은 재료에 간과 향을 입히고 부드러움과 풍미를 더 하는 과정이다. 고기 내부에 요리용 주사기(Injector)를 이용하여 혼합 한 액을 주사하는 방법으로, 주사기의 멸균이 필수적이다.

베이스팅　동물의 털이나 실리콘으로 만든 위생적인 요리용 브러시를 이용하 여 재료 겉면의 질감을 좋게 만들고 풍미를 더하기 위한 성분으로

---

* 염수주입법(Pump pickling)도 액염법의 범주에 포함시킨다.

만들어진 베이스팅 소스(Basting sauce)를 바르는 과정이다. 이 과정을 거치면 고기 표면에 수분이 공급되고 열이 식으며 좋은 색이 난다.

몹   몹(Mop)은 위생적인 굵은 면실을 엮어 대걸레 모양으로 만든 브러시를
이용하여 재료 겉면의 질감을 좋게 하고 풍미를 더하기 위한 소스를 바르는 과정이다. 재료 표면의 온도를 내리는 데 효과적이다.

스프리칭   스프리칭(Spritzing)은 재료 겉면의 온도를 내리거나 컬러와 질감을
얻기 위해 혼합액을 분무하는 행위나 기구를 이르는 말이다. 때로 스프리칭으로 적당한 간을 얻을 수도 있지만 수차례 분무하기 때문에 가급적 혼합액의 염도를 낮게 하는 것이 좋다. 스프리칭에 사용하는 기구는 스프레이 (Spray)라고 한다.

아이싱   아이싱(Icing)은 재료를 찬물(얼음물)에 짧은 시간 급하게 담갔다가 굽
는 방법으로, 우리나라에서 설야멱을 구울 때 사용했던 아주 오래된 고급 기술이다. 아이싱을 이용하면 어느 정도 두께가 있는 재료의 겉면을 태우지 않고 속까지 부드럽게 익힐 수 있다. 서양의 바비큐 테크닉에서는 찾아볼 수 없는 우리나라 고유의 매우 과학적인 기술이다.

각종 향신료

보통 영어로는 스파이스(Spice)*라고 하지만 여기서는 이론적인 기준보다는 실제 이용을 위해 편의상 향이 나는 재료를 모두 포함해 지칭하고자 한다. 크게 허브(Herb)**와 스파이스로 나누어 살펴보도록 한다.

허브

일반적으로 씨앗을 포함한 열매, 나무 껍질, 뿌리와 과일 등 식물(보통 건조)의 다른 부분에서 생산된 스파이스와 잎이 많은 녹색 부분(신선한 것 또는 말린 것 중)을 참조하여 허브를 구별했다.

　허브는 크게 요리용 허브와 약용 허브로 나눌 수 있다. 영어 단어의 허브의 뜻을 풀어보면 초본 식물(Herbaceous plant)의 동의어로 사용된다. 이를 통해 허브가 요리, 의약을 포함한 다양한 용도로 사용되며 때로는 영적인 용도로도 사용된다는 것을 알 수 있다. 의약 또는 영적인 사용에서는 식물의 모든 부분을 허브로 간주할 수 있다. 잎, 뿌리, 꽃, 씨앗, 수지, 뿌리 껍질, 내부 껍질(형성층), 열매 및 때때로 과피 또는 식물의 다른 부분을 포함해서 말이다.

---

* 향, 맛, 색깔에 영향을 주는 식물의 뿌리, 줄기, 씨앗, 열매, 꽃, 껍질 등을 일컫는 말이다.
** 방향성 식물의 잎을 그대로 사용하거나 말려서 사용하는 것을 일컫는 말이다.

허브의 종류와 용도

종류	용도
월계수잎(Bay Leaf)	피클, 고기, 스튜, 소스, 수프, 생선 요리에 주로 사용
오레가노(Oregano)	주로 이탈리아나 멕시코에서 사용. 피자, 스튜에 주로 사용
바질(Basil)	토마토 음식에 많이 사용, 스튜, 수프, 각종 소스에 주로 사용
파슬리(Parsley)	신선한 것과 말린 것 모두 사용, 음식 장식용으로 주로 사용
마조람(Marjoram)	육류, 어류, 조류, 달걀, 치즈, 채소, 소시지, 양고기 등에 주로 사용
민트(Mint)	과자, 음료, 아이스크림, 수프, 스튜, 고기, 생선, 양고기 등에 주로 사용
로즈메리(Rosemary)	양고기, 닭고기, 돼지고기, 쇠고기, 수프, 스튜 등에 주로 사용
세이지(Sage)	소시지, 드레싱, 가금류, 돼지고기 등에 주로 사용
호스래디시(Horseradish)	크림, 화이트 소스, 쇠고기, 생선(연어) 소스로 주로 사용
타임(Thyme)	가금류, 생선 소스, 토마토 요리, 수프 등에 주로 사용
타라곤(Tarragon)	육류, 달걀, 토마토 요리, 소스, 샐러드, 돼지고기 등에 주로 사용
처빌(Chervil)	생선 요리에 주로 사용
딜(Dill)	생선·조개 요리에 주로 사용
차이브(Chive)	샐러드나 수프 등의 향신료로 오믈렛, 크로켓, 푸딩, 육류 및 생선 요리에 주로 사용
히숍(Hyssop)	샐러드, 수프, 라구, 과일 요리에 주로 사용
코리앤더(Coriander)	육류나 육가공품, 생선, 알, 콩류 요리나 수프, 피클, 비스킷, 카스텔라, 쿠키, 빵, 케이크에 주로 사용
큐민(Cumin)	육류 요리, 수프, 치즈, 소시지, 피클, 파이, 달걀, 카레 요리, 특히 양고기에 주로 사용
셀러리(Celery)	샐러드, 수프, 주스 등 다양하게 사용
펜넬(Fennel)	보리빵, 수프, 생선에 주로 사용
레몬타임(Lemon thyme)	생선, 해산물에 주로 사용
윈터 사보리(Winter savory)	수프, 샐러드, 스튜, 육류, 생선, 달걀, 소스, 콩, 소시지, 양고기에 주로 사용
사보리(Savory)	수프, 샐러드, 소시지, 생선 요리, 육류 요리에 주로 사용
보리지(Borage)	샐러드, 생선 요리, 육류 요리에 주로 사용

(계속)

종류	용도
로케트(Roquette)	샐러드, 소스에 주로 사용
러비지(Lovage)	소스, 스튜, 수프, 토마토 주스에 주로 사용
라벤더(Lavender)	차, 육류에 주로 사용
사프란(Saffron)	소스, 빵, 버터, 치즈, 비스킷, 생선 요리, 스페인의 파에야에 주로 사용
캐모마일(Chamomile)	차, 디저트에 주로 사용
애플민트(Apple mint)	캔디, 디저트, 생선 요리, 양고기에 주로 사용

스파이스

말린 씨앗, 열매, 꽃, 뿌리, 껍질이거나 식물성 물질로 주로 향미제나 착색, 음식을 보존하는 데 사용된다. 때때로 다른 맛을 숨기는 데도 사용된다. 향미 또는 장식을 위해 잎이 많은 녹색 식물을 사용하는 허브와는 구별된다.

대개 스파이스는 항균 효과를 낸다. 이러한 이유로 스파이스는 감염성 질환이 유행하는 더운 기후 지역에서 일반적으로 사용된다. 또 의약을 포함한 종교 의식, 향수나 화장품 제조, 채소 등 다른 용도로도 사용된다. 가령 터머릭은 뿌리채소이자 지혈제나 항생제로 쓰이는 생강과 유사한 강황이다.

종류로는 마늘, 생강, 고추, 후추, 바질, 로즈메리, 오레가노, 타임, 딜, 타라곤, 카다몸(Cardamom), 페누그릭, 올스파이스, 알피니아, 월도, 강황, 너트매그, 클로브, 오향분, 계피, 고수 또는 코리앤더(Coriander)가 있다.

5
다양한 바비큐 용어

BARB

ECUF

5
다양한 바비큐 용어

ABT, Atomic Buffalo Turds, 어토믹 버팔로 투르드

크림치즈와 소시지를 할라피뇨 속에 채우고 베이컨으로 감싸 훈제한다. '버팔로 배설물'이라는 뜻의 이름과 달리 맛이 좋다.

Acidic, 애시딕

산미나 신맛을 의미한다.

AHRS

조리에 걸리는 시간 단위이다. 스페어립은 6시간, 풀포크는 14시간 동안 조리한다.

Al dente, 알 덴테

적당히 씹히는 맛의 음식을 뜻한다. 파스타에서 겉은 익었는데 속은 씹히는 맛을 표현할 때 쓰는 경우가 많다.

Amazing ribs, 어메이징 립

시즈닝 럽, 염수, 마리네이드, 소금, 후추, 마늘, 파프리카, 갈색 설탕, 기타 에센스나 탄력성, 저항성 등을 뜻하는 것이다. 이 립은 고기가 뼈에서 떨어지지 않아야 한다. 떨어지는 것은 삶거나 찐 것일 수 있다.

American chili powder, 아메리칸 칠리 파우더

칠리 콘 카르네(Chili con carne)를 위해 만든 양념으로 고전적인 카우보이의 스튜이다. 미국의 칠리파우더는 고추, 스파이스와 허브, 앤초 칠리(Ancho chili), 핫 칠리(Hot chili), 오레가노 갈릭(Oregano, garlic), 블랙 페퍼(Black pepper)와 아메리칸 파프리카(American paprik)를 갈아서 혼합한 것이다.

Armadillo eggs, 아르마딜로 에그

할라피뇨 속에 크림치즈를 채우고, 으깬 소시지를 두껍게 감싸 훈제한 달걀처럼 보이는 인기 바비큐다.

Arni kleftiko, 아르니 크리프티코

그리스에서는 특별한 일이 있을 때, 피트마스터(Pitmaster)들이 피자 오븐 같은 황토 오븐에 양이나 염소를 도살하고 손질해서 넣고 나무에 불을 붙이고 점토로 밀봉하여 1시간 정도 굽는다. 산속 동굴에 사는 산적에 의해 처음 발명된 요리라는 전설이 있어 '산적의 양'이라고도 부른다. 양고기, 레몬, 마늘, 소금, 양파, 오레가노, 올리브 오일, 채소 및 기타 향신료와 양념한 다음 잎이나 천에 싸서 굽는 요리이다.

Asado, 아사도

아르헨티나, 브라질, 우루과이, 다른 라틴아메리카에서 쓰는 전통적인 방법으로 재료를 원형 그대로 펼쳐서 매달아 장작불(Live fire)에 굽는 원시적인 요리이다.

Aspic, 아스픽

콜라겐이 녹아서 냉장된 젤라틴을 일컫는 말이다.

Au jus, 주스

고기의 자연스럽게 맺히는 물방울로 만든 육즙 및 주스를 이르는 용어다.

Baking, 베이킹

오븐이나 큰 뚜껑이 있는 밀폐된 용기에서 건열로 요리하는 방법이다.

Baking powder, 베이킹 파우더

볼륨을 증가시키기 위해 사용한다. 효모보다 훨씬 빠르게 이산화탄소를 만들
수 있다.

Baking soda, 베이킹 소다

중탄산나트륨을 이른다.

Barbacoa or barbecoa, 바바코아 또는 바베코아

카리브 인디언들이 나무 선반 위에서 구웠던 고기 요리로 정확한 뜻이 '푸른
연기가 나는 사각 나무틀'이라는 설이 있다.

Barbecue sauce, 바비큐 소스

빨간색, 갈색, 노란색 등 색이 다양하다. 바비큐를 완성시키는 매우 중요한 요
소로 바비큐의 꽃이라 불린다. 가장 많이 사용되는 재료는 식초, 케첩, 토마토,
머스터드이다.

Bark, 바크

지각과 같은 갈색으로 바삭한 육포같이 메일라드 반응(Maillard reaction, 아미노
산과 환원당이 반응하여 갈변하는 현상)에 의해 형성된다. 이런 바삭한 질감의 껍
질을 좋아하는 사람들도 있다.

BBQ Guru, BBQ 구루

바비큐에 미친 사람을 일컫는 말이다.

Bean hole cooking, 빈 홀 쿠킹

인디언이 개발한 요리법으로, 커다란 구멍에 있는 항아리 속에 달군 돌을 깔고 그 위에 콩을 얹어 먼지와 이물질이 들어가지 않도록 요리하는 방법이다. 하와 이의 IMU, 사모아의 UMU, 뉴질랜드의 항이(Hāngi)와 유사한 방법으로 현존하는 가장 원시적인 바비큐 형태이다.

Bear paws, 베어 퍼스

곰 발바닥처럼 생긴 도구로 풀드 포크처럼 덩어리로 된 고기를 찢는 데 쓰인다.

Beer, 비어

알코올 도수는 3~6% 정도로, 요리의 맛을 향상시키기 위해 소스나 마리네이드 에 주로 넣는다.

Beer can chicken or beer butt chicken, 비어 캔 치킨 또는 비어 버트 치킨

맥주 캔에 통닭을 꽂아 굽는 요리로 최고의 비주얼을 자랑하지만, 그렇게 자주 사용되지는 않는다. 쓸모없는 요리라고 말하는 사람도 있다.

Beer safe, 비어 세이프

맥주를 마시는 동안 제대로 요리할 수 있는 레시피를 일컫는 말이다.

BGE, Big Green Egg, 빅 그린 에그

녹색 달걀처럼 생긴 큰 그릴을 일컫는 말이다. 인기 있는 카마도 쿠커(Kamado cooker)가 여기 해당된다.

Bitter, 비터

오미(五味) 중 쓴맛을 뜻한다. 신맛과 혼동하기 쉽다. 녹색 채소, 홉, 감귤 껍질 등에서 느낄 수 있다.

Blade tenderizing, 블레이드 텐더라이징

작고 얇은 칼날이 수없이 많이 박힌 연육기를 일컫는 말이다. 연화제로 근육의 결을 물리적으로 끊어서 고기를 부드럽게 하는 데 쓴다. 블레이드가 오염되어 있을 수 있으니 주의해서 사용해야 한다.

Blanching, 블렌칭

끓는 물에 아주 짧은 시간 담갔다가 냉수로 이동시키는 방법이다. 녹색 채소나 콩에 이용하면 선명한 녹색을 얻을 수 있다. 소금을 물에 녹여서 사용하면 더욱 선명한 색을 얻을 수 있다.

Blind box, 블라인드 박스

바비큐 경기 후 프레젠테이션을 위해 결과물을 제출하는, 대형 일회용 도시락처럼 생긴 박스를 일컫는 말이다.

Boiling, 보일링

삶거나 데치는 것으로 물은 212°F(100℃)에서 끓고 알코올은 172°F(78℃)에서 끓는다. 열을 더 가해도 온도는 올라가지 않으며 고도에 따라 다르다. 혼합물이면 액체가 열을 증가시켜 훨씬 더 빨리 끓는다. 다만 비타민이 파괴되고 수분이 빠져나가 음식이 손상되거나 건조해질 수 있다.

Boogers, 부거스

요리할 때 표면에 맺히는 질척한 우유 같은 액체를 일컫는 말로, 정체는 주로 근섬유 내의 단백질 함유액체로 성분은 대개 마이오글로빈(근육 및 근육세포들 사이의 공간을 채우는 수용성 단백질)이다.

Bottle o' red, 보틀 오 레드
식당에서 주로 쓰는 말로 케첩을 일컫는 속어이다.

Braai, 브라이
남아프리카공화국에서 '브라이'라고 부르는 바비큐 요리를 일컫는 말이다. 브링 앤 브라이(Bring-and-braai)라고 하는 각자 고기를 가져와서 하는 바비큐 파티 도 있다. 남아프리카공화국에서 9월 24일은 국립 브라이데이로 공휴일이며, 샤 카의 날(Shaka's day)이라고도 부른다.

Braising, 브레이징
삶거나 찜처럼 끓이는 기법이다. 더치 오븐이나 슬로우 쿠커를 주로 사용하며 뚜껑을 덮어 이용한다.

Brazier, 브레이저
손잡이가 달린 화로를 일컫는 말이다.

Brine, 브라인
물과 소금을 섞어서 사용하는 웨트 브라인(Wet brine)과 음식 표면에 소금을 바 르는 드라이 브라인(Dry brine)이 있다. 이 방법을 이용하면 소금이 용해되면서 고기로 확산되어 요리하는 동안 수분 속에 단백질을 유지하는 데 도움을 주어 맛이 좋아진다. 전통적인 조리에서는 젖은 염수 속에 주스, 허브와 스파이스 그리고 다른 것 등을 사용한다.

Brinerade, 브라인레이드

브라인(Brine)과 마리네이드(Marinade)의 합성어로 염장과 마리네이드를 함께
일컫는 말이다.

Broasting, 브로스팅

압력솥에서 튀기는 방법을 일컫는 말이다.

Broiling, 브로일링

불꽃의 직접열로 고기를 굽는 방법으로 그릴링과 유사하다. 최근 많은 사람들
이 과도하게 사용하는 경향이 있다. 특성상 실내에서 하는 것은 상술이다. 야
외에서는 이것을 차브로일링(Char-broiling)이라고 부른다.

BTU, British Thermal Units

1파운드의 물을 $1°F$ 올리는 데 필요한 열량을 일컫는다.

Bullet, 불릿

총알 모양의 둥근 뚜껑이 있는 드럼 모양의 쿠커이다. 웨버(Weber) WSM이 여
기 해당된다.

Burgoo, 버구

켄터키에서 인기 있는 복잡한 풍미를 지닌 스튜로, 오픈된 화염 위 커다란 무
쇠솥에서 만든다. 많은 이들이 바비큐로 간주한다.

Cabinet, 캐비닛

앞에 문이 달린 냉장고처럼 쓰는 사각형 모양의 기구로 야외에서 고기, 연료,
나무, 물 등을 사용하기 쉽고 석쇠의 위치 조절이 가능하다. 나무, 숯, 가스, 전

기를 연료로 사용할 수 있다. 윗면은 작업 표면으로 사용한다.

Cabrito, 카브리토
구운 훈제 염소를 일컫는 말이다.

Cadillac(competition) cut, 캐딜락(경기) 커트
바비큐 대회의 참가자들이 심판에게 제출하기 위해 뼈가 포함된 고기를 반듯하고 편평하게 자르는 것이다.

Call, 콜
바비큐 대회에서 수상했음을 알리는 전화를 받았을 때의 상황을 일컫는 말이다.

Capsaicin, 캡사이신
칠리 페퍼의 매운맛을 추출해 화학적으로 만든 것이다.

Caramelization, 캐러멜리제이션
달콤한 음식에 나타나는 설탕의 갈색을 일컫는 말로 이 갈색 부분은 열에 산화되어 맛이 풍부하다. 복잡한 캐러멜이나 버터의 맛이 난다. 아가베나 복숭아 같은 과당으로 230℉(110℃)에서 시작해 320℉(160℃)에서 테이블당이 된다. 너무 과하면 몸에 해로운 탄화가 일어나는데 이는 마치 숯을 만드는 것과 비슷하다. 메일라드 반응과 비슷한 것 같지만 전혀 다른 반응이다.

Carnivore, 카니보어
육식동물을 일컫는 말이다.

Carousel, 캐러셀

회전목마나 카지노의 슬롯머신처럼 빙글빙글 돌아가는 장치를 일컫는다. 로티세리(Rotisserie, 고기를 꼬챙이에 끼우고 돌려가며 굽는 기구)를 참고하면 된다.

Carry over effect, 캐리 오버 이펙트

이월 요리 현상을 일컫는 말이다. 음식의 외관은 고온이기 때문에 열을 제거하더라도 열이 고기 중심으로 계속 이동하게 된다. 칠면조 가슴살이나 쇠고기 갈비 등 두꺼운 고기는 그릴에서 꺼낸 다음에도 15분 동안 5°F에서 10°F까지 상승할 수 있다. 닭가슴살 등 얇은 고기 조각도 몇 도 정도는 상승할 수 있다. 5°F도에서 10°F는 칠면조 표면을 촉촉하게 만들기 때문에 중요하게 지켜봐야 하는 변화 폭이다. 좋은 결과를 얻기 위해서는 좋은 온도계가 필요하다. 목표 온도보다 5°F 낮은 온도에서 고기를 꺼내 이 현상을 이용하면 흡족한 결과를 얻을 수 있다.

Cast iron cookware, 캐스트 아이언 쿡웨어

카우보이들이 사용하던 철로 된 조리기구를 말한다. 주철로 된 더치 오븐이나 팬, 포트, 그리들(Griddle) 같은 전통적인 그릴이 이에 속한다.

Cast iron grate, 캐스트 아이언 그레이트

철로 된 석쇠로 매우 무겁기 때문에 고기가 천천히 익는다. 오랜 시간 열을 유지하기 좋으며 고기에 진하고 어두운 그릴 마크를 낸다. 이 기구는 부식이 되기 쉽고 청소가 어렵다.

Char-broiling, 차브로일링

차콜 그릴보다 가스 그릴을 더 많이 만든다. 큰 그릴을 만드는 회사에서 만든 차브로일(Char-broil)로 숯불 위에서 직화로 굽는 것을 뜻한다. 그릴 브랜드의 이름이기도 하다.

Charcoal, 차콜

통나무나 그 가지로 만들진 것이다. 숯이라는 카본 생성물이 형성될 때까지 고온의 밀폐된 환경에서 나무를 굽다가 급격히 산소를 차단시켜 순수한 목탄을 만드는 것이다.

Charcuterie, 샤퀴테리

돼지고기로 만든 베이컨, 햄, 소시지, 살라미와 파테를 보존하고 수명을 늘리는 데 쓰는 기술이다. 냉장보존법이 나오기 전, 염과 연기가 고기의 수명을 연장할 수 있다는 것을 발견하면서 사용해왔다.

Chili, 칠리

칠리, 피망, 할라피뇨, 앤초 등 기술적으로 채소가 아닌 고추 식물의 다채로운 과육이다. 이 고추는 후추와 동일하지 않다. 대부분의 칠리는 신경을 마비시켜 대상포진에 대한 진통제로 연고에 사용된다. 캡사이신이라는 것은 화학 자극을 얻을 수 있기 때문에 뜨겁고 맵다. 몇몇 고추는 녹색이나 빨간색 피망처럼 맵지 않고 아주 달콤하다.

Chimney starter, 침니 스타터

굴뚝처럼 생긴 기구로 차콜에 불을 붙이기 가장 좋다. 신문이나 다른 종이를 구기거나 작은 덤불 같은 것을 아래 넣어 숯이나 브리켓을 점화시킨다. 스타터 액체는 차콜에 스며 고기에 이상한 맛을 더할 수 있으므로 쓰지 않는다.

Chine, 신

등뼈나 등심을 일컫는 말로 립 본(Rib bone)의 상단 등뼈로부터 제거됐을 때

척추와 연골의 일부에 의해 서로 연결되어 있을 수도 있다. 이것은 스테이크나 립춉이 부착된 갈비뼈를 어렵게 분리해서 만드는데, 분리는 정육점에 요청하면 쉽게 해결할 수 있다.

Chinese barbecue, 차이니스 바비큐

중국 바비큐의 대표격으로 '차슈'라고 부른다. 양념한 포크 로인, 립, 오리를 오븐에 매달아 굽는다. 미국의 일부 레스토랑에서는 숯을 사용하지만 대부분은 가스를 쓴다. 일부 역사학자들은 중국이 바비큐를 발명했다고 주장하기도 한다.

Chipped, 치프

부서진 껍질을 일컫는 말이다. 웨스턴 캔터키 지역의 몇몇 피트마스터들은 비네가리 블랙 소스(Vinegary black sauce)와 함께 양고기와 돼지고기 껍질을 내기도 한다.

Chopped, 춉

다진 것을 일컫는 말이다. 대개 1/2~1/4인치의 부정확하고 거친 덩어리로 자르는데, 다이스나 민스보다는 큰 엄지 손톱만 한 크기이다.

Churrasco, 슈하스코

브라질에서 대중적으로 하는 잉걸불(불이 이글이글하게 핀 숯덩이)이나 석탄 위에 고기를 돌리면서 바비큐하는 방법으로 원래 야외에서 이루어졌다. 지금은 슈하스카리아(Churrascaria)라고 하는 여러 레스토랑이 생겼다. 여기서는 한 가지 가격으로 음식을 제공하는데 이러한 식당은 브라질보다 미국에 더 많다. 포르투갈 언어에서 유래된 단어이다.

Clam bake, 클램 베이크

옥외에서 조개 등을 요리해 먹는 해산물 파티를 일컫는 말이다. 하와이안 IMU 같은 요리로 조개나 옥수수, 다른 음식 재료들을 젖은 해초에 싸서 뜨거운 석탄, 달군 바위(돌)와 함께 모래 구덩이에 묻어 요리한다.

Collagen, 콜라겐

근육의 외장을 둘러 싸고 있는 결합조직으로 요리할 때 고기의 부드러운 식감을 내는 단백질의 젤라틴이 녹아 있는 것이다.

Confit, 콩피

200°F(93℃)의 지방에서 침지하여 조리하기 때문에 증기나 거품이 없다. 소량의 오일이 침투하여 매우 부드러워진다. 완성된 음식은 지방을 채운 항아리에 보관하기도 한다. 옛날에는 오리나 거위를 콩피했지만 요즘에는 토마토도 콩피를 한다.

Connective tissue, 커넥티브 티슈

콜라겐과 연골조직 등의 결합조직을 일컫는 말이다.

Convection, 콘벡션

열 전달 방법 중의 하나인 대류를 일컫는 말이다.

Cooker, 쿠커

전기 프라이팬부터 땅을 파고 목탄을 배치한 어떤 요리 장치들의 일반적인 이름을 통틀어 말한다.

Cooking chamber, 쿠킹 체임버

음식을 요리하는 닫힌 영역을 일컫는 말이다. 어떤 스모커는 조리실과 연료에 불을 붙이는 파이어 박스가 분리되어 있기도 하다.

COS, Cheap offset smoker

저렴한 오프셋 스모커를 일컫는 말이다. 반대의 개념으로 비싼 오프셋 스모커를 뜻하는 EOS(Expensive Offset Smokers)가 있다. 둘의 차이로는 여러 가지가 있지만 철판 두께에 따른 축열률이 가장 큰 차이라고 할 수 있다.

Cowboy candy, 카우보이 캔디

설탕에 절인 할라피뇨를 일컫는 말이다.

Cracklings, 크랙클링

탁탁 소리가 나는 돼지 껍질을 일컫는 말이다. 돼지 껍질을 바삭바삭하게 튀기거나 구운 것으로 대개 느린 속도로 바비큐가 만들어진다. 소금을 자유롭게 뿌린 튀김이나 구이로 바삭바삭하고 맛있게 만든 바삭한 돼지 껍질이다.

Creosote, 크레오소트

나무가 불완전 연소될 때 고기나 스모커의 찬 표면에 응축되는 유기 성분의 집합체를 일컫는다. 검은색의 끈적끈적하고 쓴맛이 나는 발암물질이다. 통나무를 연료로 쓸 때 나타나는 큰 문제로 숯 덩어리나 칩, 팰릿을 사용하는 경우에도 문제가 될 수 있다. 이러한 문제에서 벗어나려면 순도 높은 활엽수의 속살만을 이용해야 하며 상온의 물에 일정 시간을 담가 진액을 수용시키는 등 약간의 정제 과정을 거치고, 태양열에 말려 요리 전용으로 제조된 가급적 안전한 것을 사용해야 한다.

요리 전용 장작을 고를 때는 믿을 만한 브랜드를 선택해야 한다. 또한 거의 눈에 보이지 않는 얇고 푸르스름한 연기를 얻으려고 노력해야 한다.

Crust, 크러스트

선명하고 바삭바삭한 표면을 일컫는 말로, 렌더링된 지방과 굳은 향신료의 두께 때문에 만들어진다. 대개 표면이 건조된 나무껍질 같은 질감으로 때로는 캐러멜화와 메일라드 반응에 의해 버거나 스테이크 위에 만들어지는 어두운 갈색을 띤 표면에서 얻을 수 있다.

Cryovac stink, 크라이오백 스팅크

포장 악취를 일컫는 말이다. 고기를 플라스틱 랩 같은 것으로 포장하면 악취가 날 수 있는데 대개 포장을 제거했을 때 이러한 냄새가 나게 된다. 악취가 나면 씻어서 빨리 소비한다.

Cures and curing, 큐어 앤 큐어링

보존과 염지를 일컫는 말로 대개 염지는 고기를 화학적으로 바꾸는 요리처럼 차가운 온도에서 수행된다. 염지는 다음 중 일부 또는 모두의 중량 용도별 고기의 보존을 포함한다. 소금, 설탕, 아질산나트륨(Sodium nitrite), 에리솔빈산나트륨(Sodium erythorbate), 인산나트륨(Sodium phosphate), 염화칼륨(Potassium chloride), 리퀴드 스모크(Liquid smoke), 스모크, 그리고 다른 허브와 스파이스가 각각 다르게 작용하여 고기의 화학 성분을 변경시켜 일부 미생물의 성장을 억제하고 색상을 변경하며 효소가 소화를 촉진한다. 또한 고기 맛을 상승시킨다.

Dalmatian rub, 달마시안 럽

소금과 후추로만 이루어진 럽을 일컫는 말이다.

Danger zone, 데인저 존

위험 지역(온도)을 일컫는 말이다. USDA(미농무성)에서 말하는 미생물이 고속 성장하는 41~135°F(5℃~ 57℃)의 온도 범위를 뜻한다.

Dash, 대시

음식에 추가하는 소량의 양념으로 대개 1/8티스푼 정도를 뜻한다.

Deckle, 데클

의미가 부정확한 용어로 고기를 자를 때 나오는 작은 조각이나 작은 칼깃을 뜻하기도 한다. 때로는 립아이의 립 캡(Rib cap)을 의미하기도 하며, 전체 덩어리 크기의 양지 상단의 섬유지방근육을 뜻하기도 한다. 때때로 돌출부라고 부르는 것과 혼동되기도 한다. 이 부분을 이용할 때는 오돌토돌한 섬유질 부분을 슬라이스하여 요리하기 좋게 만든다.

Deep frying or deep fat frying, 딥 프라잉 또는 딥 패트 프라잉

튀김 혹은 지방을 이용한 튀김으로 높은 온도에서 이루어지는 대류 요리를 뜻한다. 포트나 팬에 기름이나 지방을 넣고 재료를 담가 대개 350~360°F(176.6℃~182.2℃)에서 튀긴다. 이 방법은 물이 끓는 것보다 더 높은 열을 만들어낸다. 적절하게 높은 열에서 요리할 경우 기름이 침투되지 않고 기름과 기름 사이의 계면에서 압력을 발생되어 음식 내 증기가 생성된다.

대개 튀김 음식은 내부는 수분 때문에 부드럽고 외부는 바삭하다. 튀김 음식은 녹말 또는 반죽에 담가서 만들기 때문에 추가로 튀김 옷을 입어 바삭한 질감을 낸다. 이 반죽은 상당한 양의 기름을 흡수할 수 있다.

Diced, 다이스

완두콩 크기의 작은 알갱이로 자르는 것을 일컫는다. 새끼손톱만 한 1/4~1/8

크기의 작은 조각으로 자르는 것이다.

Dip, 딥
일반적으로 약한 식초 기반의 소스로 종종 몹(Mop)으로 사용된다. 노스캐롤라이나에서 주로 사용되는 용어다.

Direct heat cooking, 다이렉트 히트 쿠킹
직접적으로 열을 가하는 요리를 일컫는다.

Dollop, 돌롭
덩이를 일컫는 말로, 흔히 부드러운 음식을 숟가락으로 덜어낸 것을 뜻한다.

Done, 돈
완료를 일컫는 말이다. 고기는 가장 두꺼운 부위가 소망하는 온도에 도달했을 때 완성되고 이때 먹는 것이 안전하다.

Draft, 드래프트
공기가 연소 지역을 관통해 통과하는 것을 일컫는 말이다. 그 길을 지나는 중에 연소가스와 섞여 상승하고 팽창하며 뜨거워진다. 흡기구로 들어오고 배기구 또는 굴뚝으로 나간다. 공기는 조리실을 들어오고 나가고를 반복한다. 이는 신선한 산소가 자연스럽게 흐르는 길로, 이것을 다루는 것은 바비큐어에게 가장 중요한 기술이기 때문에 이 과정에 숙달되도록 연습하고 또 연습해야 한다.

Dry-aged beef, 드라이에이지 비프
건조 숙성 쇠고기를 일컫는 말이다. 대개 쇠고기 립아이나 스트립 스테이크를 쓴다. 온도 및 습도가 제어된 환경에서 효소와 곰팡이는 육류를 건조하고 맛을 농축시킨다. 이 과정에서 종종 새로운 맛이 탄생하는데 버섯을 연상하게 하는 이국적인 감칠맛이 나는 치즈나 극단적인 프로슈토에서 나는 맛이 바로 이러한 예이다. 건조 숙성이 잘 되었는지는 건조 28일 이전에는 확인하기 어렵다. 이 고기는 매우 고가에 팔린다.

Dry brine, 드라이 브라인

고기를 요리하기 전에 고기에 염분을 주는 것을 일컫는다. 소금은 요리하는 동안 수분을 유지시켜 단백질을 유지시키고 맛을 향상시킨다. 얇은 고기는 1~2시간 정도 드라이 브라인을 해야 한다.

Dry-cured ham, 드라이큐어 햄

건조 경화 햄(일명 컨트리 햄)을 일컫는 말이다. 이것은 커다란 소금 더미에 파묻거나 소금을 피부에 문질러서 만든다. 설탕, 검은 후추, 마늘 등 다른 향신료를 혼합하기도 한다.

일부 지역에서는 질산나트륨이나 아질산나트륨을 첨가하기도 한다. 그다음 차가운 온도에서 6~18개월 동안 걸어두어 공기 건조시킨다. 이렇게 하면 고기가 완전히 탈수되어 맛이 농축된다.

이 햄은 종종 낮은 온도에서 훈제한다. 보통 갈색이나 분홍색을 띠는데 요리하지 않고 얇게 썰어 제공하기도 한다. 생산하는 시간이 많이 걸리기 때문에 값이 비싸다. 이탈리아의 유명한 건조 경화 햄으로는 파르마, 프로슈토가 있다. 버지니아 햄 역시 드라이큐어 햄의 고전적인 예이다.

Drying, 드라잉

건조를 일컫는 말이다. 공기가 잘 통하고 습도가 낮은 곳에서 음식을 약간 따뜻하게 탈수하는 과정으로, 식품을 보존하기에 좋은 방법이다. 미생물이 번성하려면 수분이 필요하기 때문이다. 이 방법을 이용하면 맛이 깊게 농축된다.

육포가 바로 드라잉의 좋은 예이다.

Dry rub, 드라이 럽

드라이 마사지를 일컫는 말로 소금과 후추, 설탕에 마른 허브와 스파이스를 섞어서 음식의 맛과 크러스트 형성에 도움을 주기 위해 적용한다. 반면 젖은 럽은 물과 기름을 조화롭게 섞어 부착에 도움을 준다.

Dynamic duo, 다이나믹 듀오

마늘과 양파를 일컫는 말이다.

ECB, El Cheapo Brinkmann

스모커를 광범위하게 만드는 브링스만이라는 회사에서 나오는 스모커 라인이다. 바닥이 가장 낮은 제품으로 100달러부터 수천 달러까지 가격의 폭이 넓다.

ECCB, El Cheapo Char-Broil

카브로일에서 만든 가장 저렴한 스모커 라인이다.

Egg, 에그

여기서 말하는 에그는 대중적이고 선구적이라고 평가받는 카마도 스타일의 쿠커를 뜻한다. 이 달걀 모양의 쿠커는 매우 적은 양의 숯으로도 고온으로 음식을 가열할 수 있다. 또한 밀봉되어 있어 사용하기가 매우 효율적이다. 세라믹 재질로 된 이 쿠커는 열을 잘 보유한다.

Eggheads Devotees of the BGE

바비큐 그릴 브랜드로 열광적인 팬을 많이 보유하고 있다.

Emulsion, 에멀션

유화제를 일컫는 말이다. 샐러드 드레싱인 베지터블 오일과 식초는 빠르게 분리되기 때문에 요리계에서 주목받는 에멀션이다. 겨자는 샐러드 드레싱에 쓰이는 일반적인 유화제이다. 마요네즈는 산과 오일이 달걀노른자와 유화되어 만들어진다. 크산탄검은 상업적인 식품을 가공하는 데 쓰이는 일반적인 유화제이다.

Enhanced, 인헨스

일부 정육업자들은 물, 향미료, 보존제와 보존 기간 개선에 도움이 되는 소금으로 고기의 수분을 증가시켜 무게와 이익을 증가시키고 오버 쿡을 하여 펌핑 한다. 따라서 인헨스, 베이스트(Basted), 프리베이스트(Pre-basted), 인젝티드(Injected), 마리네이티드(Marinated) 같은 이런 고기 패키지는 피해야 한다. 처음부터 올바른 방법을 배우고 요리한다면 이러한 첨가제나 부수적인 방법을 쓸 필요는 없다.

EVOO, Extra Virgin Olive Oil

엑스트라 버진 올리브 오일은 화학물질의 도움 없이 잘 익은 올리브에서 압착하여 추출한 것으로 통상 0.8% 미만의 산성도를 띤다(버진의 산성도는 2% 미만). 이것은 시중에 일반적으로 유통되는 기름이 아니다. 맛 테스트를 통과한 것만이 '엑스트라 버진'이라는 레이블을 얻을 수 있다.

Fall off the bone, 폴 오프 더 본

고기가 뼈에서 부드럽게 떨어지는 것을 일컫는 말이다. 끓이거나 쪄서 립을 오버쿠킹하면 매우 부드럽고 흐늘흐늘하지만 고기의 맛이 떨어진다. 립 감식가들은 조금 씹히고 텍스처가 부드러운 고기를 선호한다. 이렇게 만들려면 바비큐를 제대로 해야 한다. 제대로 요리하면 고기가 뼈에서 떨어지지 않고 붙어 있게 된다.

Fat, 패트

지방을 일컫는 말로, 우리가 먹는 음식 중 가장 논란이 많은 유기 화합물이 바로 지방이다. 종류로는 단일 불포화, 고도 불포화, 트랜스지방, 식물성 오일, 생선 오일, 호두 오일, 올리브 오일, 오메가 3, 오메가 6, 오메가 9 등이 있다.

실온에서 고체이며 오일은 액체이지만 예외의 경우도 있다. 요리의 관점에서 보면, 동물성 지방에는 피하지방*, 근간지방**, 근내지방***이 있다. 이들은 대리석과 비슷한 가로 무늬를 띠고 있는데 이런 지방을 '마블링'이라고 부른다.

식물 또는 식물성 오일인 옥수수유, 올리브유, 참기름, 포도씨, 아마, 코코넛, 등은 모두 좋은 지방에 포함된다. 일부는 포화, 불포화, 폴리 불포화로 분류된다. 이 모두는 건강과 관련된 강력한 연구 주제로 과학자마다 다른 의견을 가지고 있다. 문제는 소위 다이어트 전문가라고 하는 사람들이 종종 정확하지 않은 지식으로 소비자를 혼란스럽게 하는 것이다.

Fat cap, 패트 캡

지방의 뚜껑을 일컫는 말이다. 이것은 고기와 피부 사이에 있는 슬래브 상단 지방의 두꺼운 층이다. 흔히 알려진 것과 달리 녹지 않고 고기 침투를 방해한다. 일부는 녹거나 고기를 벗어나지만 근육에 침투할 수 없고 연기를 차단한다.

Faux cambro, 가짜 캠브로

일정 시간 뜨거운 음식을 따뜻하게 유지해주는 상업 절연 박스를 일컫는 말이다. 플라스틱 맥주 쿨러로 쓰이는 이것을 절연 박스로 사용하는 것이다.

---

* 피부 아래의 두껍고 단단한 지방을 말한다.
** 근육과 근육 사이에 있는 지방을 말한다.
*** 근육 내 섬유 사이에 끼어 있는 지방으로 고기 요리에 수분과 질감, 풍미를 더해준다.

Firebox, 파이어 박스

연료를 연소할 수 있는 공간 또는 방을 일컫는 말이다. 일부 스모커들이 사용하는 이 오프셋 스모커는 음식을 요리하는 조리실과 분리된 파이어 박스를 가지고 있다.

Firebricks, 파이어브릭

내화 벽돌을 일컫는 말이다. 이 벽돌은 용광로, 가마, 난로, 벽돌 오븐의 높은 열을 견딜 수 있도록 설계된 특수 내열 내화물로 만들어졌다. 열을 흡수하고 균일하게 요리 기구의 온도를 안정시켜 방출하기 때문에 일부 피트마스터들은 이것을 그들의 피트 라인 안에 넣어둔다.

Firewood, 파이어우드

장작을 일컫는 말이다. 통나무를 쪼개서 장작불을 위한 불씨를 만들어내는데 이것은 부싯깃을 통해 점화된다.

Flashover or Flashback, 플래시오버 또는 플래시백

섬락을 일컫는 말이다. 잘 밀폐된 스모커, 특히 카마도 스모커에서 연료에 산소가 부족하면 돔 뚜껑을 열 때 바로 이 플래시오버가 일어난다. 이때 공기가 파이어볼 안으로 돌진하는데 이러한 현상을 해결하기 위해서는 뚜껑을 조금 느슨하게 해야 한다.

Flash point or fire point, 플래시 포인트 또는 파이어 포인트

연화점 또는 화재점을 일컫는 말이다. 일반적으로 600~700℉(315~371℃) 범위에서 불꽃이 터지게 되는데, 이때 지방이 연소되며 연기가 나는 온도를 뜻한다. 연소되는 지방을 소화할 때는 절대 물을 사용해서는 안 된다. 물을 사용하면 불이 꺼지지 않을 뿐더러 뜨거운 증기가 생겨 치명적인 부상이나 화상을 입을 수도 있다.

Flen, 플렌

케첩을 담는 병이나 BBQ 소스 병을 일컫는다. 또는 매운 소스가 담긴 병의 상단에 있는 검은색의 끈적거리는 물질을 뜻한다.

Flexitarian, 플렉시테리언

채식을 하지만 일주일에 한두 번 정도는 고기를 먹는 사람을 일컫는다.

Fond, 퐁

스톡(Stock)을 가리키는 프랑스의 조리 용어이다.

Food porn, 푸드 폰

먹음직스러운 음식 사진을 일컫는 말이다. 일반적으로 레스토랑에서는 이러한 사진을 찍는 사람을 성가신 사람으로 취급한다. 푸드 폰을 즐기는 심리는 아름다운 이웃을 관찰하는 관음증과 비슷하게 치부된다.

Free range chicken, 프리 레인지 치킨

자연에 놓아두고 기른 닭을 일컫는다.

Free range egg, 프리 레인지 에그

자연에 놓아두고 기른 닭에서 얻은 달걀을 일컫는다.

Freeze drying, 프리즈 드라잉

동결 건조를 뜻하는 말이다. 동결 건조는 저압 환경에서 식품을 동결하여 수행되는데 여기서 소량의 열이 수분의 승화를 돕는다. 승화는 먼저 물에 용해되지 않고 습한 공기로 직접 전환하는 수단이다. 박테리아를 죽이고 동결 건조 식품의 구조 유지에 도움을 준다. 잉카에서는 안데스 산맥의 추운 날 식품을 밖에 두고 동결 건조시켰다.

Fresh chicken or turkey, 프레시 치킨 또는 터키

생닭 또는 칠면조를 일컫는 말이다. 대개 소금과 향미증진제를 주입하고 26℉ (-3℃)에서 냉장한다.

Fresh ham, 프레시 햄

신선한 햄을 일컫는 말로, 대개 돼지 뒷다리로 만들어진다. 색상은 베이지와 옅은 분홍색이 대표적이다. 껍질을 제거하고 연기에 굽는 것이 좋다.

Fuel, 퓨얼

산소와 결합해 불꽃이 일어나는 연료를 일컫는 말이다. 바비큐와 그릴링을 위한 일반적인 연료로는 통나무, 목재 팰릿, 목탄, 액체 프로판, 천연가스 등이 있다.

Gastrique, 가스트리퀘

단맛과 신맛이 나는 소스를 일컫는 말이다. 간단한 가스트리퀘는 식초와 설탕을 섞어 끈적끈적하게 노란색이 날 때까지 졸인다. 여기서 창의성을 발휘할 필요가 있다. 신맛은 레몬주스부터 와인까지 다양한 곳에서 얻을 수 있고, 단맛은 응축된 과일의 열매나 꿀에서도 얻어 대용할 수 있다. 허브나 향신료가 그 역할을 할 수도 있다.

GBD, Golden Brown and Delicious

바비큐의 가장 이상적인 컬러와 질감을 일컫는 말이다. 진한 갈색을 띤다.

Gelatin, 젤라틴

콜라겐이 녹을 때 만들어진다. 이것이 식거나 젤이 되면 아스픽(Aspic)이라고도 부른다. 젤리오(Jell-O)도 젤라틴으로 만든다.

Ghee, 기

버터 기름을 일컫는 말이다. 버터의 일종이다. 생산 과정은 정상적인 정제 버터와 약간 다르다. 버터를 더 오래 끓여 다른 맛을 개발한 것이다.

Glaze, 글레이즈

광택이 나고 반짝거리는 코팅을 일컫는 말이다. 광택을 내는 유약은 설탕이나 꿀(예: 중국의 구룡 립)이다. 메이플 시럽을 유약으로 쓰기도 한다.

Grain finished beef, 그레인 피니시 비프

쇠고기는 곡물로 완성된다. 거의 모든 소는 풀을 먹는다. 소의 삶 대부분은 건초로 이루어지지만 도살 전에 비육장으로 가는 길에 CAFO에서 곡물을 먹으며 살을 찌운다. 옥수수는 급속하게 몸무게를 올리고 원하는 고기 맛을 만들어낸다.

Grass fed beef, 그래스 피드 비프

'풀을 먹인 쇠고기'라는 뜻으로 아무것도 먹지 않고 평생 풀과 건초만 먹은 소를 설명하는 용어다. 이 쇠고기의 맛은 일반적으로 곡물을 먹인 쇠고기와 확연하게 다르다. 이 용어는 종종 거의 모든 가축을 오도하는 데 의도적으로 사용된다.

Grass finished beef, 그래스 피니시 비프

풀만 먹인 소에서 얻는 쇠고기를 일컫는다. 이 소들은 잔디와 건초 외에 아무

것도 먹지 않는다. 일반적으로 곡물을 먹여 얻은 쇠고기와 미묘하게 다른 맛이 난다. 지방의 마블링이 더 적기 때문이다. 소뿐만 아니라 양이나 염소 역시 풀을 먹여 키우는 것이 더 오래 걸리기 때문에 값이 비싸다.

Grate, 그레이트

강판을 일컫는 말이다. 작은 구멍 또는 식품 가공기에 부착된 분쇄기의 작은 구멍을 통해 음식을 밀어내어 간다. 식품을 파쇄하는 것과는 다른 개념이다.

Grate or grill grate, 그레이트 또는 그릴 그레이트

쇠살대나 화격자 또는 그릴 석쇠를 일컫는 말이다. 종류로는 숯이나 나무 같은 연료를 지탱하는 평행한 쇠봉인 숯 석쇠(Charcoal grate)와 음식을 올려서 요리하는 있는 음식 석쇠(Cooking grate)가 있다. 이 밖에도 더 많은 종류의 그릴이 존재한다. 어떤 사람들은 그것을 랙(Rack)이라고도 하는데, 랙은 립이나 치킨 등의 재료를 편하게 굽기 위해 격리하여 세워두는 보조 장비를 뜻한다.

Gravy, 그레이비

육즙 수프를 일컫는 말이다. 종종 소스와 같은 의미로 사용된다. 조리 중 고기로부터 나오는 육즙으로 이 국물에 부용(Bouillon)을 보충하여 소금, 후추와 양파, 당근, 허브 등을 첨가하고 필요에 따라 밀가루, 콘스타치 등의 전분으로 농도를 더하기도 한다. 고기에 침투할 수 있을 정도의 농도로 소스보다 묽다. 이탈리아나 미국에서는 토마토 소스를 뜻하는 단어로도 쓰인다.

Griddle or plancha, 그리들 또는 플란차

철판 또는 금속판을 일컫는 말이다. 대개 무쇠나 스테인리스강으로 되어 있다. 이 철판 아래서 전기나 가스를 이용하여 음식을 가열한다.

그리들과 그릴의 차이를 한 번 생각해보자. 빵 조각 사이에 슬라이스 치즈를 넣고 철판에서 요리할 때, 이는 샌드위치를 그리들 한 것이지 그릴(Grilled) 한 것은 아니다. 따라서 그릴 치즈 샌드위치라는 표현은 잘못된 것이다. 만약 진짜 그릴 치즈 샌드위치를 만든다면 실제 그릴이나 불꽃을 이용한 화로에서 만들어야 할 것이다.

Gridiron, 그리드아이언

석쇠 또는 석쇠(격자) 모양(배열)을 일컫는 말이다. 높은 곳에서 미식축구 경기장을 내려다보았을 때의 배열과 비슷하게 보인다고 해서 그렇게 불리게 되었다.

Grill, 그릴

어떠한 열을 가해 음식 재료를 구울 수 있는 모든 장치를 일컫는 말이다. 대개 그릴은 화로로 알려져 있는데 이것은 음식이 불꽃 위 음식 석쇠에서 직접 열에 노출되는 조리기를 말한다. 숯불화로(Hibachis)와 웨버 같은 그릴이 바로 화로의 좋은 예다. 일부 그릴은 열이 600℉(315℃) 이상까지 올라간다. 이런 그릴은 연료를 숯 석쇠에 어떻게 배치하느냐에 따라 직접 및 간접열 두 가지 모두를 활용할 수 있다.

Grilling, 그릴링

바비큐의 한 형태를 일컫는 말로, 일반적으로 불꽃이 직접 올라오는 직접열이나 다른 복사열 소스로 요리하는 것이다. 대개 쿠킹 그레이트(Cooking grate) 위 높은 온도에서 빠르게 요리하는 것을 뜻한다. 어떤 사람들은 레스토랑에 설치되어 있는 플랫 메탈 그리들(Flat metal griddle) 위에서 요리하는 것을 그릴링이라고 하는데, 이것은 아주 많이 잘못된 것이다.

Grill topper, 그릴 토퍼

그릴 상부를 일컫는 말이다. 금속 표면에 구멍을 뚫어 만든 보조 장비로 음식 석쇠 위에 올려서 그레이트를 통해 음식 조각이 떨어지는 것을 막을 수 있다. 그릴 토퍼에는 구멍이 나 있어서 연기와 뜨거운 공기가 음식에 드나들 수 있다. 뜨거운 열과 접촉하게 되므로 음식이 갈색을 띠게 된다.

Holy trinity, 홀리 트리니티

삼위일체라는 의미를 가진 단어로 노를레앙(N'orleans) 지방에서 보편화된 다진 양파, 벨 페퍼, 셀러리를 버터로 요리한 것을 뜻한다. 베이컨의 지방이나 오리의 지방으로 요리할 수도 있다. 지방을 제대로 사용하면 근사한 맛을 낼 수 있다.

Hoofta, 후프타

그리스의 여자 노인들이 주로 사용하던 재료 측정법이다. 일반적으로 '한 줌'을 일컫는다.

Hot guts, 핫 거트

텍사스 지역 사람들이 텍사스의 자연 케이싱으로 포장된 소시지를 일컫는 말이다.

Hot 'n' fast, 핫 앤 패스트

350°F(176℃) 이상의 직접 복사열 위에서 요리하는 것을 일컫는 말이다. 메일라드 반응과 함께 고기의 갈색을 내기에 가장 좋은 방법이다. 이를 이용할 때는 타지 않도록 고기를 자주 뒤집어주어야 한다. 반대의 개념으로는 로 앤 슬로(Low 'n' slow)가 있다.

Hot smoking, 핫 스모킹

뜨거운 스모킹을 일컫는 말로, 미생물이 죽는 130°F(54℃) 이상의 연소 공간에서 음식을 굽는 것이다.

Icing, 아이싱

급냉 구이법을 일컫는 말이다. 우리나라에서 고려 시대부터 사용하던 방법이다. 두껍고 긴 고기를 꼬치에 꽂아 숯불에 구우면서 찬물(얼음물)에 담갔다가 빼기를 세 번 반복한다. 이렇게 하는 이유는 두꺼운 고기 속이 익지 않고 겉만 타는 것을 방지하기 위해서이다. 물속에서 급냉할 때 재료 표면의 지방을 응고시켜 고기 내 육즙을 보호하는 과학적이면서도 현명한 방법이다.

1,000년이 훨씬 넘는 아주 오랜 옛날부터 한국에서 사용되어 내려온 하이테크 기술로 현대 바비큐에 사용되는 캐리 오버 쿠킹(Carry over cooking)이나 베이스팅(Basting), 모핑(Mopping), 스프레이(Spray) 등 여러 가지 고도의 기술 중에서도 과학적 원리를 제대로 활용한, 조상의 지혜가 드러나는 조리법이다.

IMU

하와이 전통 바비큐 요리법으로 칼루아(Kalua) 돼지 요리를 일컫는 말이다. 달구어진 돌이 담긴 구덩이에 음식을 넣고 젖은 헝겊을 덮어 오랜 시간 요리한다. 사모아인의(Samoan)의 UMU, 뉴질랜드의 항이(Hāngi), 뉴잉글랜드의 클램 베이크(Clam bake), 그리스의 크래프티코(Kleftiko), 피지의 로보(Lovo), 중앙아시아의 탄두르(Tandoor)와 비슷한 요리로 어스 오븐(Earth oven)에서 요리된다.

Indirect heat cooking, 인다이렉트 히트 쿠킹

간접열로 뜨겁게 요리한 것을 뜻하는 이 용어는, 뜨거운 공기의 대류를 이용하여 음식을 느리게 요리한다. 열원 바로 위에 고기를 올리지는 않는다. 대부분의 스모커가 간접 가열식으로 요리된다.

Induction, 인덕션

'유도'라는 열 전사 방법을 일컫는 말이다.

Instant kill zone, 인스턴트 킬 존

대부분의 병원성 미생물이 30초 내에 사망하는 온도 범위로 160~165°F(71~74℃)이다.

Inverse square law, 인버스 스퀘어 로

'역제곱의 법칙'을 일컫는 말로 물리학 법칙에 속한다. 광원에서 멀어질수록 광량이 급격히 줄어든다는 이론으로 사진사들에게는 익숙한 내용이다. 다만 이것을 바비큐에 그대로 적용하는 것은 문제가 있다. 음식은 큰 열원에 아주 가까이 있고 또 그 열이 그릴 윗부분이나 측면으로부터 반사될 수도 있기 때문이다. 음식을 열에 가까이 하면 열이 음식을 익히면서 이동하게 되나 이 원칙처럼 급격히 줄어들지는 않는다. 만약 한두 개의 아주 적은 양으로 실험을 한다면 그럴 수도 있겠지만 일반적인 일은 아니다.

Jaccard, A meat tenderizer, 자카드

연육기의 브랜드이다.

Jack, 잭

잭 다니엘 위스키(Jack daniel's old no. 7 black label tennessee whiskey)를 줄여 부르는 말이다. 불 앞에서 밤을 자주 새는 피트마스터들이 좋아하는 술이다.

Juice, 주스

일반적인 주스가 아닌 마이오글로빈을 일컫는다.

Juneteenth, 준틴스

1865년에 6월 19일, 텍사스의 노예 해방을 축하하는 날이다. 바비큐를 꼭 곁들여야 하는 날이다.

Jus, 주스

근육과 뼈를 끓여 스톡같이 만들거나 드리핑(Dripping) 중 하나를 써서 원하는 대로 육즙으로 만든 그레이비나 소스를 일컫는다. 특히 골수는 식감이 풍부하다.

Kamado or egg or ceramic cooker, 카마도 또는 에그 또는 세라믹 쿠커

카마도는 최고의 스모커로 손꼽힌다. 이 달걀 모양의 장치는 벽이 두꺼워서 단열효과가 좋다. 적은 연료로 높은 온도를 낼 수 있다.

KCBS, Kansas City Barbeque Society

캔자스 지역에 있는 세계 최대 바비큐 협회로 약 2만 명의 바비큐 애호가들이 회원으로 있다. 세계 대회의 수많은 제재 및 규칙을 만들었다.

Kebab or Kebob, 케밥 또는 케봅

터키의 전통 음식으로 고기를 적당한 크기로 썰어서 꼬챙이에 꽂아 굽는 요리를 일컫는다. 주로 양고기로 만들지만 시대가 지나며 쇠고기 등 다양한 재료가 쓰이게 되었다. 채소나 과일 등을 사용하는 경우도 있다.

Kindling, 카인들링

불쏘시개를 일컫는 말이다. 스틱과 손가락만 한 작은 나뭇가지를 항상 주변에 두어야 한다. 부싯깃(Tinder)보다도 오래 탄다.

Konro, 곤로

일본에서 인기 있는 오픈 톱 차콜 그릴이다. 집에서는 종종 원형을 사용한다. 그러나 야키니쿠얀 레스토랑(Yakiniku-yan restaurant) 같은 곳에서는 길고 좁은 세라믹 곤로를 사용한다. 만갈(Mangal)과 유사하다. 곤로 위에서 달콤한 간장 바비큐 소스와 함께 꼬치 고기인 야키토리(Yakitori)를 굽는데 15피트까지

긴 것도 있다. 때때로 단단한 너도밤나무로 만든 비장탄을 사용하기도 한다.

KOOBA, Korea Outdoor & Barbecue Association

대한아웃도어바비큐협회를 일컫는 말이다. 아웃도어 스포츠와 스포츠로서의 바비큐 문화를 활성화하고 아마추어 전문가와 프로 선수, 심판을 육성한다.

Korean barbecue, 코리안 바비큐

불고기가 대표적이다. 보통 얇게 썬 쇠고기를 마리네이드해서 만든다. 일반적으로 테이블 중앙에 있는 화로 위에서 필요에 따라서 식사 때 구워 먹는다. 상고 시대의 맥적에서 시작된 이 요리는 설야멱과 너비아니로 이어져 불고기가 되기까지의 역사가 1,700년 이상이다.

Lactovegetarian, 락토베지테리언

식물성 식품과 유제품만 먹는 채식주의자를 일컫는 말이다.

Lard, 라드

녹아서 응고된 돼지 지방을 일컫는 말이다. 가장 좋은 라드는 신장 주변의 지방에서 나오며 이는 리프 라드(Leaf lard)라고 부른다. 파이 크러스트를 하기에 가장 좋은 지방으로 제빵을 하는 사람들이 자주 사용한다.

이탈리아에서는 허브, 특히 로즈메리와 돼지 지방을 섞어 버터처럼 빵과 함께 제공한다. 지방을 빵과 함께 먹으면 다소 느끼할 것으로 예상되지만 실제로는 믿을 수 없을 만큼 놀라운 맛이 난다. 라드는 풍미를 돋우는 최고의 재료다.

Leftover, 레프트 오버

먹다 남은 음식을 일컫는 말이다.

Liquor, 리큐어

주류를 일컫는 말이다. 증류주는 일반적으로 과일이나 곡물을 발효시켜 만든다. 주로 밤을 새는 요리사를 위한 생명의 액체다. 이것 없이 통돼지 로스트를할 수 없다는 사람도 많다. 립처럼 금방 완성되는 요리를 할 때는 맥주로도 충분하다.

Liquor aka likker aka pot likker, 리큐어 또는 리커, 포트 리커

조리 후 냄비에 남은 훌륭한 맛의 주스를 일컫는 말이다. 주로 패트백(Fatback)과 마늘이 포함되어 있는 채소를 끓인 후 남는 연한 녹색 물이다. 조개, 굴, 기타 이매패류(二枚貝類)를 찐 후 남은 주스 또한 리큐어라고 부른다.

Lolo, 롤로

캐러비안의 세인트 마틴 섬에 있는 임시 변통 바비큐 스탠드를 일컫는 말이다.도로 측면을 따라 해변으로 가거나, 누군가의 앞마당에 반으로 잘린 55갤런 드럼통과 그 주위의 테이블로 이루어져 있다. 롤로에서 파는 저렴한 새우와 랍스터는 미식가들이 좋아하는 것이다.

Low fat, 로 패트

저지방을 일컫는 말이다. 대개 가공식품의 라벨에 표시되어 있는 마케팅 용어를 의미한다.

Low 'n' slow, 로 앤 슬로

'낮고 느리게'라는 뜻으로 쓰이는 말로 대개 열을 266℉(130℃) 이하로 낮게 유지하고 195℉(90℃)와 230℉(110℃) 가까이에서 시간을 들여 요리한다. 지방과콜라겐을 녹여 부드러운 맛과 풍부한 고기 육즙을 만든다. 열을 너무 강하게주면 단백질 무리가 오그라들어 고기가 거칠고 질겨진다. 낮고 열에서 느리게 만들기 때문에 직접 열에 노출되지 않아 고기를 뒤집을 필요가 없다.

Lox, 록스
훈제 연어, 즉 조리되지 않은 살코기로 염장된 연어를 일컫는 말이다.

LP, Liquid propane gas
액체 프로판 가스를 일컫는 말이다.

Lump, 룸프
나뭇가지와 막대기를 탄화하여 만든 숯 덩어리를 일컫는 말이다.

Maillard reaction or Maillard effect, 메일라드 반응 또는 메일라드 효과
아미노산과 음식의 당분 사이에서 일어나는 반응을 일컫는 말이다. 이를 위해서는 열이 필요하다. 대개 고기 표면이 갈색이 되는 낮은 온도에서 시작하지만 진정한 반응은 열이 300$°$F(148$℃$) 이상 올라가면서 시작된다. 맛의 깊이와 풍부함을 만드는 과정으로, 형성된 화합물이 바삭바삭한 질감을 만들어낸다. 요리의 위대한 기적 중 하나로 꼽힌다. 캐러멜화와 유사하지만 다른 반응이다.

Mangal, 만갈
망이 좁고 긴 통 모양의 오픈 톱 차콜 그릴을 일컫는 말이다. 주로 꼬치 음식을 요리하는 데 쓰인다. 러시아, 터키, 중동 일부에서 인기를 끌고 있다. 일본의 곤로(Konro)와 유사하다.

Marbling, 마블링
대리석 무늬의 지방을 일컫는 말이다. 근육 내 지방으로 얇게 뜨개질한 모양을 띤다. 근육의 상부의 지방이 두꺼운 층에 마블링이 더 많고 부드러우며 육즙과

고기의 맛이 좋다. USDA의 쇠고기 등급은 거의 마블링에 의존하지만 세계 각
국에서 등급 기준을 조정하려는 움직임이 일어나고 있다.

Marinade, 마리네이드

고기를 액체 속에 담그는 것이다. 염지와 비슷하지만 소금이 훨씬 적게 들어가
고 산과 기름이 한층 많이 생긴다. 맛이나 향, 간을 더하기 위한 전처리 방법
중 하나다.

Maverick or Mav, 매버릭 또는 매브

두 개의 탐침이 있는 디지털 온도계로, 송신기와 피트마스터가 자신의 피트를
포기할 수 있는 수신기로 이루어져 있다. 피트와 고기의 온도를 모니터링하는
동안 축구 경기를 관람할 수도 있다. 매버릭 하우스웨어(Maverick Houseware)
에서 만들었다.

MBN, Memphis Barbecue Network

멤피스의 바비큐 네트워크를 일컫는 말이다. 이 커다란 바비큐 소사이어티에서
는 돼지고기만 경기에 사용한다.

Meat, 미트

고기를 일컫는 말이다. 여기에는 근육이나 장기가 포함될 수 있다. 어떤 사람
들은 미트에 가금류나 생선을 포함하지 않지만, 이것 역시 동물의 근육이므로
미트라고 볼 수 있다. 바비큐에서는 종종 너트의 과육, 아보카도의 과육 등 과
일이나 견과류의 과육을 언급할 때도 이 단어를 사용한다.

Meatatarian, 미트테리언

고기만 먹는 사람을 일컫는 말이다.

Meateor, 메테오

대기권 밖에서 온 것처럼 검게 보이는 돼지고기의 엉덩이 부분이나 쇠고기의 양지를 일컫는 말이다.

Meat glue, 미트 글루

고기 접착제를 일컫는 말로 식품과학의 경이로움을 보여준다. 접착제처럼 단백질을 결합할 수 있는 효소로, 닭고기의 작은 조각으로 전체 고기처럼 보이는 닭 덩어리를 만들 수 있게 한다. 고기와 칠면조 가슴살 덩어리를 접착하여 뼈 없는 햄 덩어리로 만들기도 한다. 연육(Surimi)으로 불리는 명태로부터 만든 가짜 게살 고기나 굳은 소시지를 만들고, 마른 스테이크 두 개를 두꺼운 스테이크로 합치는 것도 미트 글루가 하는 일이다.

미트 글루의 성분인 TG는 혈액을 응고해주고 동물 혈액으로부터 추출할 수도 있다. 일부에서는 충분한 근거 없이 TG가 끔찍한 것처럼 이야기하는데 실은 자연에서 생산되는 안전한 성분이다.

Membrane, 멤브레인

분리막(인체 피부 조직의)을 일컫는 말이다. 갈비에 있는 분리막은 피부로 알려져 있으나 실제로는 폐의 실제 늑막이다. 이것이 갈비에 남아 있으면 딱딱하고 가죽같이 느껴질 수 있으므로 제거해야 한다.

Microwave cooking, 마이크로웨이브 쿠킹

전자레인지 요리를 일컫는 말이다. 주위의 공기나 열을 가열하지 않고 식품 내부 분자를 진동시켜 빠르게 요리하는 방법이다. 물의 경우 급속히 가열되지만 결코 끓는 온도에 도달하지 않는다. 효과는 스티밍(Steaming)과 유사하다.

MIM, Memphis in May

콘서트와 세계 최대의 돼지 바비큐 경기 대회가 열리는 5월 멤피스 봄 축제의 하이라이트를 일컫는 말이다. 바비큐어라면 한 번쯤 가봐야 하는 축제다.

Minced, 민스

다지는 것을 일컫는 말이다. 1/8인치 이하의 작은 조각으로 작게 자르기 때문에 조각이 후추보다도 작다. 이 방법은 매우 강력하고 야무지게 식품에 사용된다. 매운 고추와 생강, 신선한 마늘을 민스하면 압도적일 수 있다. 촙이나 다이스보다도 작게 다지는 것이다.

Mise en place, 미스 앙 플라스

레스토랑에서 종업원이 고객에게 식사를 제공하기 위한 사전 준비를 완벽하게 마무리한 것을 일컫는 말이다.

Modernist cuisine, 모더니스트 퀴진

식품과학자 네이선 미어볼드(Nathan myhrvold)가 만든 용어로, 분자 요리법이라고도 불린다. 레이저 같은 특별한 도구를 사용하고 화학 및 물리학에 대한 철저한 이해를 바탕으로 한 요리이다. 액체질소(Liquid nitrogen), 쾌속냉동용 쿡톱(Antigriddle), 원심분리기(Centrifuge), 천연고무풀(Natural gum), 콜로이드(Colloid), 구체화 기법(Spherification), 말토텍스트린(Maltodextrin), 레시틴(Lecithin), 효소(Enzyme), 발표(Fermentation), 미트 글루(Transglutimase), 재료의 재건과 해체 이론을 다룬다.

Moinks, 모인크

유약과 훈제된 미트볼을 베이컨으로 감싼 요리를 일컫는 말이다.

Molecular gastronomy, 몰레큘러 가스트로노미

분자요리를 일컫는 말이다. 음식의 조리 과정과 식감, 맛에 영향을 미치는 요인들을 과학적으로 분석하여 독특한 맛과 식감을 창조해내는 일련의 활동이다.

Mop or Mop sauce, 몹 또는 몹 소스

요리하는 동안 고기 위에 소스를 얇게 바르는 것을 일컫는 말이다. 특히 구식 다이렉트 피트(Direct pit)에서 표면의 열을 식히고 맛을 추가하고 유지시켜준다. 클래식 몹(Classic mop)은 식초를 기반으로 한 검은 후추와 레드 페퍼 후레이크가 들어간 매운 소스로 그 혼합물은 큰 나무통에 붓고 교반하여 만든다. 만약 구덩이에서 요리를 한다면 15분마다 돼지 위에 몹을 해야 한다. 이때 끝부분에 헝겊조각을 묶어서 빗자루의 손잡이처럼 사용한다. 오늘날에는 닥터 페퍼(Doctor pepper) 같은 한층 더 부드러운 음료와 맥주를 테마로 한다. SOP라고도 부른다.

Mr. Brown, 미스터 브라운

바비큐한 고기의 표면이 짙은 갈색임을 일컫는 말이다.

MRE, Meals ready to eat

진공 포장된 군사 식량을 일컫는 말이다. 조리가 완료된 상태(RTE, Ready to Eat)로 싱글 서빙된다. 야외 요리와 우아한 식사를 위해 디자인되었다.

Mrs. White, 미시즈 화이트

바비큐한 고기의 내부 색이 흰색임을 일컫는 말이다. 미스터 브라운 앤 미시즈 화이트(Mr. Brown & Mrs. White)는 짙은 갈색 표면에 하얀 속살을 지닌 경우를 일컫는다.

MSG, Monosodium Glutamate or Glutamic Acid

글루탐산나트륨 또는 글루타민산을 일컫는 말이다. 거의 모든 향신료 코너에서 구할 수 있는 첨가제이다. 천연의 풍미를 증강시킬 뿐만 아니라 몇몇 숙성 및 발효 공정에서 자연적으로 생기는 부산물이다. 세계에서 가장 인기 있는 립 레스토랑인 멤피스의 랑데부(Rendezvous)에서는 여러 음식에 이것을 문질러 사용한다. 일각에서는 MSG가 두통을 일으킨다고 해서 이를 전제로 실험을 했는데 이것과 두통의 연관성을 찾지는 못했다.

Mudbug, 머드 버그

가재(Cray fish)를 일컫는 말이다.

Multigrain, 멀티그레인

잡곡, 일반적으로 빵을 일컫는 말이다. 빵 포장 라벨에 일반적으로 기재되는 마케팅 용어이다. 통곡물로 만든 건강한 빵처럼 보이기 위해 갈색 색소와 함께 반죽에 통곡물을 뿌리기도 한다.

Murphie, 머피

감자를 일컫는 말이다.

Muscle, 머슬

근육을 일컫는 말이다. 근육의 세포는 섬유소라고 불리는 길고 마른 관으로 되어 있다. 섬유는 주로 결합 조직에 둘러싸인 단백질과 물로 이루어져 있다. 섬유의 다발은 시냅스(Sheaths)라고 한다. 이 싸개의 묶음이 바로 머슬이다.

Mustard tears, 머스터드 티어스

겨자의 눈물이라는 의미로, 흔드는 것을 잊어버리고 머스터드를 짰을 때 밖으로 흘러나오는 투명한 액체 몇 방울을 일컫는다.

Mutton, 머튼
1년 이상 자란 양의 고기를 일컫는다.

Myoglobin, 마이오글로빈
마이오글로빈은 근육과 근육 세포 사이를 채우고 있는 단백질을 함유한 물을 일컫는다. 주스(Juice)라고도 부른다. 고기를 잘랐을 때 접시에 남는 분홍색 액체 같은 것으로 피는 아니다. 고기의 피는 두껍고 빠르게 응고되며 검붉거나 거의 검은색을 띠는 반면, 마이오글로빈은 유백색을 띤다.

Natural, 내추럴
자연적인 제품을 일컫는 말로 법적 제재 없이 부르고 사용할 수 있는 단어이다. 소비자들은 대개 친환경적 제품을 원하는 심리가 있으므로, 몇몇 제조업체들이 이 단어를 오용하여 사회적 물의를 일으키기도 한다. 현명한 소비자라면 순도, 무농약, 무첨가, 무화학 첨가, 무첨가, 무가당 등 내추럴과 관련된 단어의 의미를 정확히 알 필요가 있다.

Natural flavoring, 내추럴 플라보링
천연조미료를 일컫는 말이다. 많은 노력과 비용을 들여 추출하는 맛 화합물이다.

NBBD, New Braunfels Black Diamond
옆에 파이어 박스가 있는 저렴한 오프셋 스모커를 일컫는 말이다.

Nekkid or Naked, 네이키드
나체를 일컫는 말이지만 바비큐에서는 양념이나 소스를 바르지 않은 맨 고기를 뜻한다.

NG, Natural Gas

천연가스를 일컫는 말이다. 주로 공공시설에 의해 메탄이 집까지 전달되고, 파이프라인에 의해 그릴로 들어간다.

Non-reactive, 논-리액티브

비반응성을 일컫는 말이다. 소스나 염수, 마리네이드 등은 자체로 산과 소금을 함유하고 있기 때문에 비반응성 용기에서 만들어야 한다. 알루미늄, 주철, 황동, 구리로 된 냄비는 식품화학물질과 화학반응을 일으킬 수 있다. 특히 산과 소금의 맛을 떨어뜨린다. 비반응성 용기의 재질로는 스테인레스강, 유리, 도자기가 있다. 플라스틱 또한 비반응성이지만 풍미를 흡수하고 소스나 여타 음식을 오염시킬 수 있다.

No sugar added, 노 슈거 애드

설탕을 추가하지 않았다는 뜻이다. 식품 가공 과정의 라벨에 사용하는 마케팅 용어로 해당 제품에 자연스러운 달콤함이 배어 있다는 것을 설득하기 위해 사용하는 문구지만, 큰 의미를 담고 있지는 않다. 맛을 내기 위해 설탕 대용품이 들어간 경우가 대부분이다.

Not-hot-spot, 낫-핫-스폿

핫스폿이 아니라는 뜻이다. 숯 그릴로 간접 요리를 할 때, 한쪽에는 숯을 쌓고 나머지는 비우게 된다. 또는 가스 버너의 한쪽을 키고 한쪽은 해제한다. 이렇게 두 구역으로 요리 표면을 세트업할 때, 불꽃 위의 석쇠 공간이 핫스폿이 된다. 이때 고기를 넣는 장소는 핫스폿이라고 할 수 없다.

Nova Scotia Lox, 노바 스코샤 록스

소금에 절인 다음 훈제한 생연어 살코기를 일컫는 말이다. 이때 소금물은 짜지 않다. 노바라는 단어는 훈제하지 않은 가볍게 염장한 연어를 부르는 말로도 쓰인다.

Offset, 오프셋

사이드 파이어 박스(Side firebox)와 배럴 쿠커(Barrel cooker)가 있는 매우 인기 있는 스모커이다. 두 개의 밀폐된 박스가 한 면에서 관으로 연결되어 있다. 하나는 숯이나 장작용이고 조금 더 높은 곳에 설치되어 선반이 있는 오븐은 조리 영역인데 이 부분은 열과 연기의 배출을 위한 것이다. 연기는 오븐을 통해 화실 반대편에 있는 굴뚝으로 나간다. 일부 오프셋 파이어 박스는 오븐의 연료로 탄을 넣거나 파이어 박스 안에 석쇠를 올려 그릴로 쓰기도 한다.

Oil, 오일

기름을 일컫는 말로 지방의 일종이다. 상온에서는 거의 액체 상태이다.

Omnivore, 옴니보어

잡식동물을 일컫는 말로 육식동물과 채식동물 모두 이에 해당된다. 먹을 수 있는 것을 다 먹는 동물을 뜻한다.

Organic, 오가닉

본질적인 유기물을 일컫는 말이다. 과거 '오가닉'은 엄격한 관리와 원칙 아래에서 생산자와 소비자가 거의 종교 수준으로 따르는 것이었으나 현재는 유명무실한 단어가 되었다.

Oven, 오븐

밀폐된 조리기구를 일컫는 말이다. 부엌에 있는 크고 뜨거운 것은 모두 오븐이다. 뚜껑이 있는 웨버 케틀(Weber Kettle) 역시 오븐이다. 뚜껑이 없는 것은 화로(Brazier)라고 한다.

Ovo-lacto vegetarian or lacto-ovo vegetarian, 오보락토 베지테리언 또는 락토오보 베지테리언

유제품과 달걀은 섭취하는 채식주의자를 일컫는 말이다.

Pachanga, 파창가

원래는 스페인의 춤을 일컫는 말이다. 바비큐에서는 남부 텍사스의 변화를 일컫는 말로, 라이브 음악과 바비큐가 있는 떠들썩한 모임을 의미한다.

Pan frying, 팬 프라잉

충분히 달군 팬에 기름을 두르고 요리하는 방법을 일컫는다. 보통 한 면을 요리하고 뒤집어서 다른 면을 완성한다. 요리할 때 나는 거품과 지글거리면서 탁탁 튀는 소리가 특징이다. 훌륭한 요리사는 기름이 튀는 것을 방지하기 위해 증기는 통하면서도 기름을 잡을 수 있는 매시(Mesh) 같은 것을 사용한다. 딥 프라잉(Deep frying)이나 소우팅(Sautéing)과는 다른 방법이다.

Pan roasting, 팬 로스팅

달구어진 프라이팬의 뜨거운 기름에 고기와 생선의 외부에 있는 얇은 층을 갈색이 나도록 바삭하게 굽고, 이 팬을 오븐에 넣고 요리를 완성한다. 이렇게 하면 겉은 익지만 안쪽은 익지 않은 상태가 된다. 고기의 상하부는 튀긴 것같이 되고 중앙부는 구운 것같이 된다. 뜨겁고 무거운 그릴에 철판을 예열한 뒤 그 위에 뚜껑을 덮어 한 번에 완성할 수도 있다.

Pan sauce, 팬 소스

종종 팬 바닥에 퐁(Fond)이라고 불리는 갈색 찌꺼기가 남는데 거기에 물, 육수, 와인, 브랜디와 같은 액체를 약간 넣고 고온에서 디글레이징(Deglazing)하면 폰드가 용해되며 이것을 팬 소스라고 한다. 허브와 크림, 그리고 약간의 겨자, 계절 산물 등 훌륭하다고 생각하는 재료를 추가해서 또 다른 소스를 만들 수도 있다.

Parboiling, 파보일링

요리를 하기 전에 재료를 끓는 물에 살짝 데치는 것이다. 파보일링은 스트링 빈(String bean)을 부드럽게 해주는데, 이것은 베이컨 육즙 버터에 휘휘 저어 튀길 수도 있다. 예를 들어, 많은 사람이 립을 파보일링하는데 이는 맛 성분 화합물을 용해시키기 때문에 별로 좋은 방법이 아니다. 녹는 성분에 좋은 풍미가 가득한데 그것을 용해시키면 고기의 풍미가 사라진다.

파보일링은 고기를 연하게 하고 흐늘흐늘하면서도 맛없게 만드는 경향이 있다. 만약 갈비를 파보일링한다면 그 맛은 장담할 수 없다. 일부 대중음식점이나 펍에서는 요리의 질감과 동선, 원가 절감을 위해 미리 파보일링한 재료를 다시 데우고 소스를 끼얹어 손님에게 내고 있다. 물론 최종 선택은 소비자의 몫이다.

Paste, 페이스트

페이스트는 과실, 채소, 견과류, 육류 등 식품을 갈거나 체에 으깨서 부드러운 상태로 만든 것이다. 또는 고체와 액체의 중간 굳기를 뜻하는 용어로, 빵 반죽과 케이크 반죽의 중간 정도의 성질을 띠는 반죽을 일컫는다.

Pasteurization, 파스퇴리제이션

저온 살균법으로 열을 이용하여 식품에 있는 미생물 대부분을 죽이는 방법이다. 모든 미생물을 죽일 수는 없지만 안전한 수준으로 감소시킬 수 있다.

저온 살균은 130℉(55℃) 이상의 낮은 열에서 천천히 이루어져야 한다. 이 온도에서는 닭을 저온 살균하기까지 2시간 이상이 걸릴 수도 있다. 이는 모든 미생물과 포자를 죽이는 멸균과는 다르다. 멸균은 고온에서 빠르게 수행되며 단 2초만으로도 균을 죽일 수 있다.

Peeking, 피킹

엿본다는 뜻이다. 전문가들은 요리할 때 문 아래 해치를 잠그고 뚜껑 근처에서 떠나라고 말한다. 그들은 "엿보지 마라, 만약 안을 들여다본다면 요리를 할 수 없을 것이다."라고 경고한다.

Pellet smoker & grill, 팰릿 스모커 앤 그릴

접착제나 결착제 없이 톱밥을 압축한 팰릿으로 요리하는 스모커를 일컫는다. 제조 과정상 문제될 것은 없으나 발화 시점에 발생하는 검은 그을음이 문제다. 상위 모델들은 정확한 디지털 콘트롤을 할 수 있다. 철저하게 사용자 친화적으로 발전할 가능성이 있다.

Pescetarian, 페스커테리언

부분채식주의자를 일컫는 말이다. 부분채식주의자란 채식주의자이면서 생선은 먹는 사람(Pescevegetarian, Piscetarian)을 의미한다. 이들은 생선이나 다른 해산물은 먹지만 동물의 고기는 먹지 않는다.

Ph. B

KCBS의 그리스하우스 대학(Greasehouse University)에서 부여하는 바비큐 철학 박사 학위이다. 학위 후보자는 어려운 질문에 대한 답변을 써서 논문을 제출해야 한다. 또 바비큐에 관한 성과와 이력을 제시해야 한다.

Pig pickin, 피그 피킨

'돼지 찍으러'라는 의미를 지닌 단어다. 통돼지를 제공할 때 쓰는 단어로, 사람들은 자기가 원하는 부위의 고기를 뜯어먹을 수 있다. 남미에서 시작된 전통으로 현재 미국 일부 지역에서도 실시되고 있다.

Pig tail, 피그 테일

C자 모양의 날카로운 혹을 스틱에 장착한 것으로 고기를 찔러 쿠커에 올리거나 내리는 데 사용하는 장비이다.

Pinch, 핀치

꼬집기를 일컫는 말이다. 작은술의 1/16, 또는 두 손가락 사이에 넣을 수 있는 양을 뜻한다. 경쟁에서 타 팀의 재료를 훔치는 것이나 상대편 배우자의 뺨을 슬쩍 때려 모욕을 주는 것을 의미하기도 한다. 이는 매우 모욕적인 행동으로 바비큐어라면 절대 하지 말아야 할 행동이다. 이를 행할 시 KOOBA의 제제를 받을 수 있다.

Pink curing salt, 핑크 큐어링 솔트

분홍색 경화 소금을 일컫는 말이다. 이 소금은 경화 과정에서 아질산염을 섞은 것으로 일부는 아질산염과 질산염을 모두 포함하고 있다. 질산이나 아질산염을 혼합했다는 사실을 표시하기 위해 인위적으로 색을 내기도 한다.

Pit, 피트

숯이 만들어질 때까지 장작을 태우는 땅속의 구덩이를 일컫는 말이다. 최근 몇 년 동안 피트는 매우 일반적인 단어가 되었다. 바비큐 요리에 사용되는 모든 장치를 의미하는 단어이기도 하다.

Pitmaster, 피트마스터

경험이 풍부한 바비큐 요리사를 일컫는 말이다. 숙련된 장인을 지칭할 때 쓴다. 이 경지에 오르면 너무 뜨겁거나 차가울 경우, 연료가 필요할 때나 나무를 더할 때, 소스를 더할 때, 고기가 준비되었을 때를 시각·청각·후각·촉각으로 감지하고 말할 수 있다. 피트 안을 들여다보고 과정의 전체를 책임지는 전문가이다.

Pittsburgh, 피츠버그

외부가 거의 까맣게 타도록 구운 쇠고기를 일컫는 말이다.

Planking, 플랜킹

'판자 깔기'를 뜻하는 단어로 연어를 요리할 때 자주 쓰이는 간접 요리법이다. 여기에 쓰이는 나무판은 웨스턴 레드 시더로 다공성이며 방향족이고 물에 담가서 쓰는 거의 가공하지 않은 것이다.

대개 음식은 판자 위에 놓이고, 판자는 폐쇄된 오븐의 직접 열 위에 놓인다. 물에 젖은 판자는 아래쪽이 가열되면서 증기와 연기를 만든다. 폐쇄된 환경에서 전도와 대류 복사에 의해 음식을 가열하고 굽는다. 즉 전도, 증기, 훈연구이가 이루어지는 것이다.

앨더(Alder)는 거푸집 공사에 사용되는 대중적인 나무다. 요리 판자는 보통으로 이렇게 표시된다. 이것은 독성 방부제가 처리되어 있을 수 있으므로 거푸집 공사 건설 현장에 있는 것을 요리에 사용하지 않아야 한다.

Plate setter, 플레이트 세터

커다란 녹색 달걀(BGE) 카마도(Kamado)에서 탄과 요리 석쇠 사이에 삽입되는 다리가 짧고 두꺼운 세라믹 디스크를 일컫는 말이다. 아래에서 올라오는 직접 열을 간접 가열 설정으로 만들 수 있다.

Poaching, 포칭

포칭은 약불에 뭉근히 끓이는 스튜잉(Stewing)과 비슷하지만 보통 물에서 이루어진다. 혹은 약간의 소금 또는 식초를 첨가하여 데치는 것을 의미한다. 일반적으로 맛과 향이 가미된 액체에서 이루어진다.

Point, 포인트

돌출부를 일컫는 말로, 쇠고기 양지머리 위에는 평평하고 돌출된 부위가 존재한다. 이 포인트는 수분이 있는 고기를 만들고 입자 사이에 더 많은 지방을 함유하고 있다. 다른 말로 덱클(Deckle, 도련하지 않은 가장자리)이라고도 한다.

Pollotarian, 폴리테리언

가금류만 먹는 사람을 일컫는 말이다. 가금류 외에 다른 고기는 먹지 않는다.

PPP or The Three Ps

피트마스터가 되기 위한 노력과 연습을 일컫는 말이다. 결코 쉽지 않은 일이다.

Pressure cooking, 프레슈어 쿠킹

압력 요리를 일컫는 말이다. 압력 레인지를 이용하는데 이는 잠금 뚜껑과 높은 압력 방출 밸브가 있는 무거운 밀폐 냄비로 소량의 수분으로도 음식을 만들어낸다. 또한 바비큐 경기에서 마지막 30분 전에 전환해 압력요리의 장점을 최대한 활용한다. 전통적인 바비큐가 아닌 좀 더 발달된 장비를 사용하는 현대적인 방법이다.

Primal, 프리말

태초 또는 원초를 일컫는 말이다. 동물의 사체를 도살한 후 가장 큰 섹션으로 세분화한 것을 프리말이라고 한다. 이 프리말은 서빙이 가능한 크기로 분해된다. 잘 알려진 쇠고기 프리말로는 립 섹션(Rib section), 라운드(Round), 쇼트 로인(Short loin), 설로인(Sirloin), 청크(Chuck), 플레이트(Plate), 플랭크(Flank), 브리스킷(Brisket), 솅크(Shank)가 있다.

Prig, 프리그
도덕군자인 척하는 사람을 일컫는 말이다. 손가락으로 돼지고기를 뜯어먹는다.

Priss, 프리스
지나치게 얌전을 빼는 사람을 일컫는 말이다. 갈비를 손으로 뜯지 않고 나이프와 포크를 사용하여 먹는 사람이다.

Pucketa, 푸케타
타바스코 소스 병처럼 작은 구멍이 나 있는 병을 한 번 흔들었을 때 나오는 양을 일컫는 말이다. 보통 '푸케타 푸케타(Pucketa pucketa)'라고 말하고 병을 두 번 흔든다.

Puffed pastry, 퍼프 페이스트리
효모가 없는 동결된 상태로 살 수 있는 종이처럼 얇게 말린 가루 반죽이다. 접고 버터를 바르고 마는 과정을 여러 번 반복해서 파이나 케이크를 만들 때 쓴다.

Purge, 퍼지
식료품점에서 고기를 사서 가져올 때 포장에 묻어 있는 액체를 일컫는 말로 성분은 마이오글로빈이다. 동결 및 해동된 고기에서 더 많은 액체가 나오는 경향이 있다. 요리 시 이 액체를 많이 잃으면 맛이 떨어진다.

Q or Que

바비큐를 일컫는 말이다.

Rack, 랙

갈비의 편평한 면이나 립을 거는 데 사용하는 선반을 일컫는 말이다.

Radiation, 라디에이션

방사나 복사를 일컫는 말이다. 열의 전도 방식 중 하나다.

Rashers, 래셔스

얇게 저민 베이컨을 일컫는 말이다.

Ready, 레디

'준비된'이라는 뜻이다. 고기는 가장 두꺼운 부위가 원하는 온도에 도달할 때까지 익으며 전부 다 익었을 때 먹는 게 안전하다. 그러나 익은 것이 준비를 의미하지는 않는다. 갈비는 대개 165℉(74℃)에서 익지만 먹기에는 불편할 수 있다. 따라서 이 경우 30분간 온도를 유지해서 180℉(82℃)에 다다르게 하면 콜라겐과 지방이 녹아 고기가 더 부드러워진다.

Recipe, 레시피

조리법을 일컫는 말이다. 최초의 조리법은 기원전 1600년쯤 발견된 남바빌로니아의 아카드어로 적혀 있는 평판의 내용이다. 어원이 영수증(Receipt)이라는 설이 있다.

오늘날에는 레시피의 형태가 변하고 있다. 전문 조리법은 철저하게 테스트한 식품 전문가, 즉 프로에 의해 작성된다. 레시피의 모든 재료는 논리적이면서도 정확하게 측정된 것이어야 하고 과정은 단계적으로 적혀 있어야 한다. 레시피는 처음 만드는 사람도 따라 할 수 있도록 세심하고 주의 깊게 작성되어야 한다. 아주 독창적일 필요는 없지만 의도는 정확하게 드러나야 한다. 아웃도어 요리의 특성상 같은 레시피로 요리한다고 해도 외부 환경이나 날씨, 위치 등에 따라 결과가 천차만별이다. 따라서 많은 경험과 노력이 필요하며 가급적 모험적인 식재료는 피하는 것이 좋다. 초보자에게는 그것을 구별할 능력이 부족하기 때문이다.

레시피는 요리의 악보로, 완성된 음식의 모든 것을 세밀하게 포함하고 있어야 한다. 일반적으로 요리의 이름, 조리 시간, 준비 재료, 생산 단계 등이 기록되는데 요즘에는 칼로리와 제품 사진까지 집어넣는 경우가 많다.

Redneck soo veed, Sous vide, 레드넥 수 비드 또는 수 비드

수 비드는 특수한 수조에 담긴 쿠커에서 요리하는 것을 일컫는다. 진공 밀봉된 비닐 봉투와 130℉(55℃)의 수조 안에서 대략 130℉(55℃)의 미디엄 레어로 완벽하게 스테이크를 구우면, 고기는 몇 시간 안에 완성되고 130℉(55℃)의 온도를 지속적으로 보유하여 오버쿡(Overcook)이 될 가능성이 없다. 동일한 원리의 일부를 사용하는 리버스 시어(Reverse sear)의 야전 방식이다. 이 용어는 존 파티오 데디오 도슨(John patio daddio dawson)이 만들었다.

Render, 렌더

정제를 일컫는 말이다. 일반적으로 낮은 온도에서 지방을 용해할 때는 근육 결합 조직으로부터 그것을 분리시키게 된다. 바비큐의 지방은 고기에 갇혀 풍부하고 고소한 맛, 그리고 부드러운 느낌을 만들어낸다.

Reverse sear, 리버스 시어

앞뒤로 굽는 구이를 일컫는 말이다. 시어 인 더 레어(Sear in the rear), 쿠킹 인사이드 댄 아웃사이드(Cooking inside then outside), 레드넥 수 비드(Redneck soo veed)라고도 불린다. 안쪽을 먼저 굽고 그다음 바깥쪽을 굽는다.

리버스 시어는 중요한 요리 기술이다. 이는 낮은 온도에서 고기를 요리하는 것부터 시작한다. 그러나 고기 안쪽의 온도를 고르게 올리고 부드럽게 주문하는 안전한 온도다. 내부가 생각하는 온도인 10℉ 이하 근처면 고기를 높은 온도 위에서 겉을 검게 그을리고 쿠커에서 제거하기 전에 메일라드 반응의 맛을 증가시킨다. 이 방법을 적절하게 적용해서 보다 높은 열이 초기에 적용되면 수축 없이 더욱 풍부한 육즙과 부드러운 육질을 지닌, 내부가 좀 더 균일하게 조리된 고기를 만들 수 있다.

Rib hook or rib hanger, 립 훅 또는 립 행어

한쪽 끝부터 고기를 관통하여 좁은 스모커에 수직으로 걸게 해주는 금속 훅을 일컫는 말이다.

Roasting, 로스팅

원래는 로티세리(Rotisserie)와 함께 오픈된 불꽃 앞에서 요리하는 방법을 일컬었는데, 오늘날에는 종종 베이킹처럼 중간불과 높은 열을 이용하여 밀폐된 용기에서 요리하는 것을 의미한다. 원래 식품은 한 번에 한 면만 열에 노출시키는데 이 요리는 마른 열에 둘러싸이게 해서 메일라드 반응와 캐러멜라이즈를 일으켜 갈색을 띠게 된다. 보통 석쇠나 다른 캐리어에서 요리되며, 베이킹은 팬에서 요리된다.

Rotisserie, 로티세리

• 음식을 불꽃 위나 앞에서 돌려가며 굽는 것을 일컫는 말이다. 이렇게 하면 고기의 한쪽 면이 열을 품고 차가워지고를 무한 반복하면서 뜨거워진다. 불에 닿았을 때 열의 파동을 어느 정도 서서히 음식에 흡수하고 돌아가면서 열에서 멀어질 때 냉각 공기에 열을 방출하면서 음영이 만들어진다. 이러한 가열

과 냉각 과정은 열의 맹렬하게 타는 효과를 감소시키고, 조리 속도를 느리게 하고 고기를 균등하게 익힌다. 이렇게 하면 내부에 온도가 고르게 배포되어 수분의 손실이 적고 타지 않는다. 가열과 냉각이 교체되는 것은 그릴이나 팬 시어(Pan sear)를 할 때 고기를 뒤집는 것을 연상시킨다.

• 한 축에 닭 같은 고기를 꿰어 돌리는 창이나 바구니를 일컫는 말이다.

• 스모커의 일부 장치를 일컫는 말로, 이 장치는 오븐 공간을 통해 선반이 관람차 같은 배열로 돌아가게 된다. 슬랩(Slab) 아래로 지방이 떨어지며 그것이 고기에 입혀진다. 대형 상업용 스모커들은 로티세리라는 것을 가지고 있는 레스토랑에서 사용되었다. 아마도 동굴 거주자들이 발명했을 법한 장치이다. 중동이나 아시아에서 먹는 케밥 역시 여기에서 파생되었다. 수직 로티세리는 중동의 샤와르마(Shawarma), 그리스의 기로스(Gyros), 그리고 터키의 도네르 케밥(Doner kebab)을 포함한다. 손으로 크랭크와 고기를 회전시키는 이 장치는 현대로 오면서 풀리가 추가되고 모터를 사용하게 되면서 발전했다. 거의 스핏 로스팅(Spit roasting)이라고 불린다.

Roux, 루

증점제를 일컫는 말로, 밀가루와 지방(보통 버터)을 같은 양으로 섞어 색이 바뀔 때까지 요리해서 만든다. 대개 짚과 같은 색을 띠는데 더 오랜 시간 요리하면 황갈색, 호박색, 갈색, 마호가니색으로 변하면서 진하고 풍부한 맛이 만들어진다. 고전적인 유럽 소스와 뉴올리언스 소스에 기본적으로 사용된다.

Rub, 럽

'문지르다'라는 뜻이다. 소금과 후추를 기본으로 하여 설탕 등의 조미료와 스파이스, 허브의 혼합물을 고기나 재료에 발라 사용한다. 전형적인 미국 남부 바비큐의 스파이스 믹스에는 파프리카, 소금, 설탕, 마늘, 흑후추, 칠리 페퍼 등이 들어간다.

한국식 바비큐에도 럽이 쓰인다. 우리나라에서는 소금, 후추, 설탕을 바탕으로 하여 한국적인 재료인 마늘, 생강, 양파 등을 기본적으로 쓰고 고춧가루를 첨가하는 샤카 럽(Shaka's rub)을 기준으로 사용한다.

때로는 두껍게 어떤 때는 얇게, 어떤 날에는 밤을 새우면서 럽을 하는 경우가 있다. 요리하기 직전에 바르는 때도 있다. 상황에 따라서는 밤을 새서 문지르더라도 소스가 고기 안으로 침투되지 않기도 한다.

Salty, 솔티

염분은 다섯 가지의 기본 맛 감각 중 하나에 속한다. 단맛, 쓴맛, 신맛과 감칠맛과는 다른 맛이다. 이 짠맛은 화학자들에게 '염'이라고 불리는 여러 가지 화합물에 의해서 난다. 소금은 인간의 삶에서 매우 중요하다. 인간은 소금을 먹지 않고 연명할 수 없다.

Santa Maria Barbecue, 산타마리아 바비큐

캘리포니아에 있는 산타마리아의 이름을 딴 바비큐이다. 커버 없이 열려 있는 숯이나 단단한 나무의 불꽃으로 요리하는 음식 이벤트를 일컫는다. 이 바비큐는 온도 조절이 가능한 크랭크나 풀리를 사용하여 오르락 내리락 하는 쇠격자 위에 매달려 있게 된다. 쇠격자 위에서 쇠고기 등심 부위 중 하나인 트라이팁(Tri-tip)부터 조개에 이르기까지 모든 재료를 요리할 수 있다. 산타마리아 바비큐에서 쇠고기는 항상 레어나 미디엄 레어로 서브된다.

Satay, 사테이

동남아, 특히 태국, 말레이시아, 싱가포르, 인도네시아, 필리핀에서 바비큐를 양념해서 굽는 고기 요리를 일컫는 말이다.

Sauce, 소스

바비큐를 완성시켜주는 '바비큐의 꽃'이다. 종종 묽은 그레이비(Gravy)와 같은 의미로 사용되기도 하지만 조금 두껍게 고기에 얹기도 한다. 그레이비처럼 얇게 바르는 소스도 물론 있다.

Sautéing, 소테잉

프랑스어의 소테(Sauté)에서 나온 말로 기름이나 버터에 튀기거나 데치는 것을 일컫는다. 보통 프라잉 팬 또는 스킬렛(frying pan or skillet) 같은 기구를 사용하여 공중으로 튀기듯 이동시키면서 금속 표면의 중강(medium-high) 열에서 적은 양의 지방에 덩어리를 요리하는 방법이다. 이렇게 하면 고기의 모든 면이 갈색을 띠게 된다. 플리핑(Flipping)은 굽은 곡면의 팬위에서 손목의 제스처인 소테 스냅(Sauté snap)에 의해 이루어진다.

이 방법은 수분을 유지하고 유분을 흡수하는 것을 방지하는 데 도움이 된다. 이 방법으로 요리하려면 건조된 음식 표면이 차갑지 않아야 하고 팬이 가득차지 않아야 한다. 한마디로 어려운 조리 기술이다.

양파와 마늘은 맛과 질감을 묽게 하고 요리에서 단맛이 나도록 설탕화합물의 일부를 변환시킨다.

Savory, 사보리

'짭짤하다'라는 뜻이다. 여러 가지 맛있다는 의미가 담긴 복잡한 조리용어다.

- 풍미는 허브다.
- 풍미는 허브 또는 감칠맛 특성을 가진 깊고 풍부한 맛과 향 감각이다.

Searing, 시어링

강한 불에 겉을 그을리는 것을 일컫는 말이다. 이 방법을 사용하면 단시간에 높은 불로 메일라드 반응을 일으켜 또 다른 맛을 내고 표면을 갈색으로 만들 수 있다.

많은 사람이 시어링에 대한 과한 믿음을 갖는데, 그것은 시어링 과정에서 내부 수분의 손실을 방지한다고 여기기 때문이다. 하지만 일반적인 믿음과 달리 시어링은 주스를 밀봉시키지 못한다. 팬에서 고기를 구울 때 나는 소나기가 내리는 것 같은 소리는, 수분이 뜨거운 팬과 만나 반응하는 소리일 뿐이다.

Seasoned pitmaster, 시즌 피트마스터

항상 열과 연기 냄새가 가득한 피트 주변에서 시간을 보내는 요리사들을 일컫는 말이다.

Seasoning, 시즈닝

양념, 즉 음식에 맛을 추가하는 것을 일컫는 말이다. 엄밀한 의미에서 시즈닝은 간을 맞추기 위해 소금을 적당량 추가하는 것이라고 할 수 있다. 그러나 요즘에는 스파이스와 허브, 심지어 소스를 추가하는 것까지도 시즈닝이라고 부르기도 한다.

Seasoning a smoker, 시즈닝 어 스모커

새 스모커에는 제조 공정에서 발생한 기계 오일이 묻어 있을 수도 있다. 하지만 설명서에는 오일을 제거하는 방법이 적혀 있지 않은 경우가 대부분이다. 제조 과정에서 시즈닝을 완료하여 시장에 내놓는 경우도 있는데, 그럴 경우에는 단순히 청소한 후에 이를 사용해도 무방하다.

대개 아웃도어에서 사용되는 요리 장비는 축열률이 높은 두꺼운 무쇠로 되어 있는 경우가 많다. 장비의 특성상 조리 과정에서 음식물이 눌어붙거나 녹기도 하는데 이를 대비하여 고열에서 기름을 칠해가며 인위적으로 카본 코팅을 하는 경우가 있는데, 이 과정 역시 시즈닝이라고 부른다. 카본 코팅은 장비의 기능을 좋게 하고 보관상의 편의를 추구하려는 지혜이다. 바비큐어에게 매우 중요한 부분이다.

Sell by date, 셀 바이 데이트

유통 기간을 일컫는 말이다. 이는 판매가 가능한 기간을 말하는 것이지, 섭취가 가능한 기간을 뜻하는 것은 아니다.

Semi-vegetarian, 세미베지테리언

생선이나 닭은 먹지만 붉은 고기는 먹지 않는 채식주의자를 일컫는 말이다.

Shaker, 셰이커

식당에서 음식을 먹기 전 소금을 치도록 준비해둔 소금통을 일컫는 말이다. 소금뿐만 아니라 후추나 고춧가루 등을 넣어두기도 한다.

Sheet pan, 시트 팬

알루미늄과 스테인리스강으로 만들어진 옆면이 낮고 크고 편평한 사각형의 얇은 시트 팬으로 음식을 서빙하는 데 사용된다. 보통 높이가 1/2인치, 전체 크기는 18×26인치이다. 그 절반 크기의 시트 팬은 18×13인치이다. 1/4인치의 시트팬은 $9\frac{1}{2}$×13인치이다.

Shiner, 샤이너

- 부실하게 도살되고 정형된 빛을 통과시키는 고기에서 노출되어 있는 뼈와 갈비 덩어리를 일컫는 말이다.
- 바비큐에 영감을 주는 텍사스의 맥주 브랜드이다.

Shish kebab, 시시 케밥

중동 지역의 요리로 양고기나 쇠고기 등을 와인과 기름, 조미료로 양념해서 꼬챙이에 끼워 구운 것을 일컫는다. 때로는 요리용 꼬치(Skewer)에 채소를 꽂아서 굽기도 한다.

Shred, 슈레드

가늘고 작은 조각을 일컫는 말이다. 이러한 조각은 식품을 만드는 과정에서 분쇄기에 부착된 큰 구멍이나 그레이터의 큰 구멍으로 밀어 넣는다. 보통 치즈나 감자, 코울슬로를 위한 채소를 슈레드라고 한다. 슈레드는 조각의 크기가 완전히 동일하지 않다.

Silverskin, 실버스킨

고기와 지방 사이에 있는 은색의 얇은 외피를 일컫는 말이다. 요리할 때 수축되어 불쾌함을 주므로 요리 전에 제거해야 한다.

Simmering, 시머링

'끓임'을 일컫는 말이다. 액체를 끓이는 것과 비슷한 요리 방법으로 작은 거품을 만들고 끓기 전에 행한다. 큰 거품과 비등점이 같지 않다.

Sizzle zone, 시즐 존

고기를 구울 때 지글거리는 영역을 일컫는 말이다.

Skin 'n' trim, 스킨 앤 트림

가죽 손질을 일컫는 말이다. 이를 위해서는 두껍고 평평한 갈비를 준비해야 한다. 립의 오목한 사이드 본(Side bone)에는 막이 있는데 스페어 립보다 백 립이고 두껍다. 막이 두꺼운 것은 오래된 돼지로 구울 때 힘들 수 있고 스파이스나 시즈닝이 침투할 수 없으므로 제거해야 한다. 일부 정육점에서는 고기를 구매하기 전에 제거하기도 한다.

Slather, 슬래터

듬뿍 바르는 것을 일컫는 말이다. 음식에 머스터드나 젖은 럽을 두껍게 코팅하는 것을 뜻한다.

Sliced, 슬라이스

입자나 조직을 균일하고 얇게 한 방향으로 차곡차곡 써는 것을 일컫는 말이다.

Slider, 슬라이더

화이트 캐슬(White castle) 지방에서 먹는 작은 햄버거를 일컫는다. 대개 '무언가가 거의 들어 있지 않는 작은 샌드위치'라는 의미로 쓰인다.

Smidgen, 스미드겐

아주 적은 양을 일컫는 말이다. 핀치(Pinch, 한 꼬집) 미만의 양이라 측정하기 어렵지만, 굳이 수치화한다면 티스푼의 1/32 정도가 될 것이다.

Smoke, 스모크

연료와 산소의 연소에 의해 생성된 작은 부유 입자, 수증기 및 가스의 조합을 일컫는 말이다. 스모크는 바비큐를 다른 요리와 차별화시키는 중요한 요소이다.

Smoke point, 스모크 포인트

연기점을 일컫는 말로, 지방에서 연기가 나기 시작하는 온도이다. 일부 지방은 더욱 낮은 연기점을 가지고 있다. 버터의 연기점은 250~300°F(121~149°C)이고 땅콩기름의 연기점은 450°F(232°C)로 높은 편이다. 인화점(Flash point)은 증기가 화염으로 폭발되는 온도이다.

Smoker, 스모커

연기를 발생시킬 수 있는 쿠커(Cooker)를 일컫는 말이다. 쿠커에서는 간접 열로 고기가 요리된다. 스모커의 소비자는 보통 200℉(93℃)와 300℉(149℃)의 범위를 이용하게 된다. 일부 상업용 콜드 스모커(Cold smoker)는 더 낮은 온도(194℉, 90℃~230℉, 110℃)를 낼 수 있다.

Smoke ring or Smoke line, 스모크 링 또는 스모크 라인

대개 고기의 표면에서 약 1/8~1/4인치 아래에 위치한 밝은색 분홍 리본(Pink ribbon)을 일컫는다. 스모커의 가스가 연소될 때 화합물이 고기와 접촉하여 유동체가 분홍색으로 바뀌는 것이다.

숯을 이용하는 쿠커와 우드 로그(Wood log), 칩(Chip), 청크(Chunk), 팰릿(Pellet), 워터 팬(Water pan)으로 스모크링을 생산하고자 할 때 유용하다. 대개 통나무, 나무가 타는 쿠커에서 좋은 스모크링이 만들어진다. 전기 스모커에서는 스모크링이 만들어지지 않는다.

Smoke roasting, 스모크 로스팅

일반적으로 194~230℉(90~110℃) 근방에서 수행되며 필요에 따라 266℉(130℃)까지 이용할 수 있으나 302℉(150℃)를 넘어서는 안 된다. 음식이 열로 요리되기 때문에 이 과정이 끝나면 살아 있는 유해한 미생물로부터 자유로워진다. 이 온도에서는 수축이 조금 일어난다. 스모크 로스팅은 백야드 스모커와 바비큐 장비에서 비교적 쉽게 할 수 있다. 립, 풀 포크, 브리스킷 같은 최고의 바비큐가 대개 이 온도 범위에서 구워진다.

Smoking, 스모킹

음식을 연기에 노출시켜 맛이나 저장성을 높이는 요리 방법이다. 보통 가연성이 있는 활엽수나 과일나무의 속살 같은 나무로 연기를 만든다. 대개 셀룰로스, 옥수수 속대, 차, 허브를 사용한다. 냉장법이나 냉동법을 사용하기 전까지 음식의 저장 방식으로 널리 사용되었다. 연기가 대부분의 음식에 침투하는 것은 아니므로 모든 음식에 사용할 수는 없다. 스모킹은 훈연(Smoking)과 훈제(Smoked)로 구분해서 이해할 필요가 있는데, 이에 관한 내용은 본문을 참조하길 바란다.

- Cold smoking, 콜드 스모킹: FDA의 정의처럼 일반적으로 140°F(60℃) 이하에서 수행된다. 치즈, 생선, 소시지에 연기 맛이 많이 주입되지만 열에 의해 조리되지는 않는다. 대개 생선이나 치즈에 이 방법을 쓴다. 집에서 콜드 스모킹한 치즈는 그렇지 않은 것보다 상대적으로 안전하다. 그러나 집에서 콜드 스모킹한 고기는 병원성 미생물이 성장할 수 있어 위험하다. 특히 보톨리누스균이 위험하다. 여기서 연기는 방부제의 특성을 가지고 있지만 제대로 처리하지 않으면 위험한 음식을 만들어낼 수 있다. 이 때문에 소금 또는 정확한 양의 다른 방부제를 적당하게 넣어 보존 처리해야 한다. 따라서 고기의 콜드 스모킹은 전문가에게 맡겨야 하며 가정에서 시도하지 말아야 한다. 치명적인 위험을 초래할 수 있기 때문이다.
- Hot smoking, 핫 스모킹: 보통 130°F(54℃) 이상의 온도에서 수행된다. 이 온도에서는 미생물이 사멸하지만 음식의 저온 살균은 두 시간 이상이 걸릴 수 있다. 높은 온도에서는 시간이 훨씬 짧게 걸린다.

SNPP, Brinkmann Smoke N' Pit Professional

인기 있는 COS(Cheapo Offset Smoker)를 일컫는 말이다.

Sop, 솝

몹(Mop)과 같은 개념으로 이해할 수 있다.

Sour, 사워

다섯 가지 기본 맛 중 하나인 신맛을 일컫는 말이다. 단맛, 쓴맛, 짠맛, 감칠맛과는 다른 맛으로 신맛이 나는 감귤 주스나 식초, 드라이한 화이트 와인 같은 산에 의한 감각이며 종종 쓴맛과 혼동된다. 굉장히 선명한 맛으로 다른 화합물에 의해 발생한다.

Sous vide, soo veed, See Redneck soo veed, 수 비드

밀폐된 비닐봉지에 담긴 음식물을 미지근한 물에 담가 오랫동안 데우는 조리법을 일컫는다. 물의 온도를 유지한 채 많게는 72시간 동안 음식물을 데운다. 물의 온도는 재료에 따라 달라진다. 고기류를 데울 때는 온도를 55~60°C로 하며 채소는 그보다 더 데운다. 음식물의 겉과 속이 골고루 익게 하고 수분을 유지하게 하는 것이 목적이다.

Southern barbecue, 서던 바비큐

남부의 바비큐를 일컫는 말이다. 남미에서 대중화된 스타일로 야외에 있는 구덩이 속 타다 남은 불씨 위에서 고기를 꼬치에 꿰어 돌려가면서 연기에 굽는 것이 시초이다. 여기에 식초, 토마토, 고추, 당분(Sweetness) 등 다양한 소스를 곁들이게 된다.

따라서 서던 바비큐는 나무 연기로 느리게 구워지는 것을 의미한다. 그러나 예외로 어떤 지역에는 나무를 이용하지 않기도 한다(멤피스의 바비큐 레스토랑에서는 나무가 아닌 숯만 사용). 어떤 곳에서는 높은 온도 위에 바비큐를 직접 굽는다(Dreamland in Tuscaloosa, Rendezvous in Memphis). 어떤 곳에서는 소스를 제공하지 않는다(텍사스와 멤피스의 여러 지역). 어떤 곳에서는 토마토를 곁들이지 않는다(mustard sauces in South Carolina, Carolinas 도처에 비네거 소스가 없음).

Spatchcock, 스패치콕

즉석 닭 요리를 뜻하는 말로 원래는 수탉을 의미했다. 대개 닭을 평평하게 펴서 사용하는데, 이 방법은 오늘날 모든 가금류에 적용할 수 있다. 단순히 등뼈를 따라 절단하고 닭을 평평하게 해서 즉석요리를 할 수 있다. 가장 좋은 방법은 등뼈를 잘라내는 것이다. 어떤 요리사는 닭을 평탄한 곳에 두고 가슴 사이 용골뼈를 제거한다. 일부는 드럼스틱(Drumstick)을 유지하고 같은 이유에서 주위에서 하는 일 없는 날개를 접어 허벅지에 꽂아 실행한다. 뜨거운 캐스트 아이언 그릴(Cast iron griddle)이나 프라잉 팬 그릴 위에서 요리된다.

Spices, 스파이스

씨앗, 껍질, 열매, 열매 껍질, 뿌리를 건조시켜 만든 갈색 분말을 일컫는다. 활성 성분은 일반적으로 분말의 오일이다.

Spit barbecue or spit roasting, 스피트 바비큐 또는 스피트 로스팅

로티세리(Rotisserie) 항목을 참고한다.

Spritzing, 스프리칭

물, 주스, 맥주를 뿌려서 만든 안개를 고기에 분사하는 것을 일컫는 말이다. 어떤 피트마스터는 그 액체를 마시기도 한다. 이렇게 하면 고기가 냉각되고 느리게 요리할 수 있으며 고기의 수분 증발을 막을 수 있다. 스프리칭을 하는 액세서리는 스프레이라고 부른다.

Stall, 스톨

커다란 고기 덩이를 요리할 때 온도가 약 150~165℉(66~74℃)에 다다르면 그것

은 종종 멈출 수 있고, 표면이 마르고 지각을 형성할 때까지 수 시간 동안 꿈쩍
도 하지 않는다. 피트마스터에게는 황당한 경우일지 모르지만 시간이 지나면
정상화된다.

피트마스터들은 종종 포일에 고기를 래핑하거나 더 높은 온도에 요리하다가
멈추어 잠깐의 휴식을 취한다. 이렇게 하면 증발이 느려져 고기 요리를 계속할
수 있다. 이 래핑을 텍사스 클러치(Texas crutch)라고 부른다.

Steaming, 스티밍
김 또는 찜을 일컫는 말로, 음식을 끓는 물 위 채반 같은 닫힌 용기에 배치한
다. 증기는 음식에 응축된다. 음식의 부드러움과 보습 유지에 매우 효과적인 방
법이다.

Sterilization, 스털릴리제이션
살균 또는 멸균이라는 의미로 열이나 방사선 조사, 화학 물질, 압력, 여과 중
하나 이상을 사용해서 포자와 모든 미생물을 제거하거나 죽이는 방법이다. 안
전한 수준으로 개체를 줄이기 위해 열을 이용하는 저온 살균과는 다르다.

Stewing, 스튜잉
보통 180°F(82℃)와 200°F(93℃) 사이의 작은 거품을 만드는 온도에서 물을 기본
으로 사용하는 액체 요리다. 대개 느리게 요리된다. 스튜 미트(Stewed meat)는
소테잉(Sautéing)이나 브로일링(Broiling)에 의해 첫 번째 맛이 더해지고 찐 고기
보다 작아지며 갈색을 띤다. 이러한 방법은 느린 쿠커나 열원 위의 솥 안에서
수행된다. 액체는 일반적으로 스톡(Stock), 와인, 채소, 허브 등의 맛이 난다.

Stick burner, 스티크 버너
스모커의 일종으로 통나무를 태우기 위해 디자인되었다.

Stir frying, 스틸 프라잉

튀김을 젓는 것을 일컫는다. 소테잉과 비슷하나 웍(Wok)이라는 굽은 팬에서 요리한다. 웍은 바닥이 매우 뜨겁고 측면은 차갑다. 숙련된 요리사는 시어와 스팀(Sear and steam)에서 웍을 능숙하게 다룰 수 있다.

Sucre et salé, 수크레 엣 살레

프랑스어로 '달콤한 소금'이라는 뜻이다. 케이준 카운티(Cajun country)에 사는 프랑스어 사용자들에게 잘 알려진 개념으로, 반대의 맛을 내는 설탕과 소금이 서로 잘 어우러진다는 내용이다. 짠 럽이 달콤한 소스와 함께 잘 어울리는 이유이기도 하다. 감자와 스틸튼 치즈(Stilton cheese), 초콜릿을 찍은 감자칩도 좋은 예가 될 것이다. 짠맛과 단맛은 서로 상충되기도 하지만 맛을 상승시켜주기도 한다. 특히 소금은 단맛을 돋보이게 해준다.

Suet, 수이트

소나 양의 콩팥 주변에서 얻는 지방을 일컫는 말이다. 피부 바로 아래 피하층에서 얻는 딱딱한 것으로 햄버거나 소시지용으로 쓰기 위해 분쇄된다. 응고시키면 우지라고 부른다.

Surface frying, 서피스 프라잉

표면을 튀긴다는 뜻으로, 뜨거운 금속 표면에서 얇은 오일층을 이용하여 튀김을 하는 것이다. 소테잉(Sautéing)과 많이 비슷해보이지만 일반적으로 그리들(Griddle) 위에서 이루어진다. 식당에서 파는 햄버거가 좋은 예이다.

Sweating, 스웨팅

• 소테잉 같지만 훨씬 낮은 온도에서 이루어진다. 충분한 지방이나 기름과 함께 포트나 팬 안에 배치되며 수분이 흐르고 풀이 죽어 부드러워질 때까지 낮

은 온도에서 요리된다.

- 백야드 쿡(Backyard cook)을 할 때 음식이 타지 않도록 그릴 주변에 서 있는 것을 일컫는다.
- 경기에 우승한 요리사의 이름이 호출될 때, 요리사가 흘리는 눈물을 일컫는다.

Sweet, 스위트

다섯 가지 기본적인 맛 중 단맛을 일컫는 말이다. 신맛, 쓴맛, 짠맛, 감칠맛과는 다른 맛이다. 대부분 다양한 설탕과 대용품으로 인해 난다. 단맛이 무조건 나쁘다는 생각은 바비큐어의 운신 폭을 좁힐 수 있다. 재료에 대한 확실한 과학적 근거 없이 그것을 기피하지는 말자.

Tallow, 탤로

동물의 기름으로 소나 양의 지방을 녹여서 변형된 모양으로 응고시킨 것이다. 제빵이나 튀김에 사용된다.

Tandoor, 탄두르

인도 등 중앙아시아에서 사용되는 오리지널 점토 오븐을 일컫는 말이다. 연료로는 석탄이 사용된다. 현대식 탄두르는 일본의 카마도(Kamado)나 미국의 빅그린 에그(Big green egg)와 비슷하다.

Texas crutch, 텍사스 클러치

소스 등 일부 액체와 함께 고기에 가벼운 증기를 닿게 하고 립을 포일에 래핑해서 조리하는 기술을 일컫는다. 텍사스 목발이라고도 한다. 고기를 빠르고 연하게 요리할 수 있다.

Thermapen, 서머픈

예술적 경지와 비교할 정도로 정확한 온도를 즉석에서 읽을 수 있는 디지털 온도계이다. 바비큐어에게 필수적인 매우 중요한 장비다.

Thermostat, 서모스탯

버너와 떨어진 곳에서 스위치로 쿠커의 열을 조절하는 온도 측정 장치이다. 산소 또는 숯불의 흐름을 제어한다.

The Sell by date, 더 셀 바이 데이트

선반에서 제품이 진열될 수 있는 기간을 일컫는 말이다. 식품의 안전성과는 관련이 없다. 단지 품질의 문제로 정해진 기간이다.

Tinder, 틴더

부싯깃을 일컫는 말이다. 나무에 불을 붙이기 시작할 때 사용하는 작은 솔방울, 솔잎 등 연필 크기의 작은 마른 나뭇가지를 뜻한다.

Tong food, 통 푸드

집게로 집어먹는 음식을 일컫는다. 트위저 푸드(Tweezer food)의 반대 개념이다. 보통 저렴하다.

Toothpack, 투스팩

음식의 씹힘성에 대한 기술 용어다.

Toss, 토스

'던져 올린다'는 뜻이다. 팬이나 볼 안에서 스푼과 집게 또는 샐러드 포크로 흔들어서 음식의 덩어리를 잘 섞는 것을 일컫는다. 종종 덩어리를 스파이스, 오일, 드레싱, 소스에 넣어 코팅하기도 한다.

Tuning a pit, 튜닝 어 피트

피트를 튜닝하는 것을 일컫는다. 최적의 조건을 위한 쿠커를 조정하는 과정으로, 열과 연기의 분배에 관한 것이 중심이 될 수도 있지만 추가 기능 역시 조정하게 된다. 여기에는 외형을 보기 좋게 하려는 변화도 포함된다. 프로 바비큐어가 자기에게 맞는 그릴을 제작하는 것 또한 좋은 성적을 낼 수 있는 기본 방법이다.

Turn in, 턴 인

경기에 임하는 요리사가 자신의 엔트리(Entry) 조각을 심판 영역의 밖 테이블에 배치하는 시간을 일컫는다. 만약 1분이라도 늦으면 심사를 받을 수 없다.

Tweezer food, 트위저 푸드

핀셋으로 집어먹는 음식을 일컫는 말로 통 푸드(Tong food)의 반대 개념이다. 플레이트를 장식하는 데 핀셋을 사용할 정도로 세심하게 만들어지기 때문에 일반적으로 값이 비싸다.

UDS, Ugly Drum Smoker

가정에서 만든 55갤런짜리 스틸 드럼 스모커를 일컫는 말이다.

Umami, 우마미

다섯 가지 기본 맛 중 하나인 감칠맛을 일컫는 말이다. 글루타메이트(Glutamate)라는 아미노산에 의해 나며 깊고 풍부하고 따뜻하면서도 복잡하다. 감칠맛이 나는 식품으로는 갈색 고기, 간장, 소테(Sauté) 버섯, 말린 육류, 잘 익은 토마토와 파마산 치즈가 있다.

Use by date or best if used by dates, 유즈 바이 데이트 또는 베스트 이프 유즈 바이 데이트

음식을 먹을 수 있는 기간 또는 제품을 동결 보관해야 할 시기를 일컫는다.

Vegan or Total Vegetarian, 비건 또는 토털 베지테리언

철저한 채식주의자 또는 종합 채식주의자를 일컫는 말이다. 과일, 채소, 콩과의 식물, 곡물, 씨앗, 견과류를 포함한 식물만 섭취한다. 유제품, 달걀 등의 동물 제품은 먹지 않는다. 심지어 꿀도 먹지 않는다.

Vegetarian, 베지테리언

어떤 동물의 고기도 먹지 않는 채식주의자를 일컫는다. 하지만 유제품과 달걀은 먹는 경우가 많다.

Virgin olive oil, 버진 올리브 오일

단지 압력만을 이용하여 잘 익은 올리브로부터 화학 제품의 도움을 받지 않고 2% 미만의 산성으로 추출해낸 오일이다.

Water smoker, 워터 스모커

열원 가까이에 워터 팬을 가지고 있는 스모커를 일컫는 말이다. 물이 열을 흡수하거나 온도가 내려가는 것, 쿠킹 영역에서 수분이 증발하고 고기가 마르는 것을 방지한다.

대부분의 불릿 스모커(Bullet smoker) 또한 이에 속한다. 워터 팬은 기름받이 역할을 하기도 한다. 웨버(Weber) 사의 스모키 마운틴(Smokey Mountain)이 가장 인기 있는 제품이다.

Wet-aged beef, 웨트에이지 비프

습식 숙성 쇠고기를 일컫는 말이다. 이를 만들기 위해 진공 밀폐된 백에서 28일간 쇠고기를 숙성시킨다. 건조 숙성하고는 다르다. 고기가 수축되지 않고 밀봉되어 유지되기 때문이다. 효소 활성화가 질감과 맛을 약간 바꾼다.

Wet brine, 웨트 브라인

수염이나 액염을 일컫는 말이다. 보통 물이나 주스에 소금을 6% 정도로 희석한다. 소금과 용액이 고기 속으로 빨려들어가 고기에 물을 보유시킨다. 반대 개념으로 드라이 브라인(Dry brine)이 있다.

Wet-cured ham, 웨트큐어 햄

습식 경화 햄을 일컫는 말이다. 시티 햄(City ham)이라고도 불리는 미국에서 가장 인기 있는 햄이다. 고기에 주사를 놓거나 절이고 덮어서 보존 처리하여 만든다. 때때로 '레디 투 잇(Ready to eat)'이라는 꼬리표를 달고 요리된다. 종종 먹기 전에 조리(Cook before eating)하지 않고 판매된다.

Wet rub, 웨트 럽

습식 럽을 일컫는 말로, 스파이스와 허브의 혼합은 오일이나 물 또는 페이스트(Paste)라고 불리는 두 가지를 섞는다. 이 용액은 큰 조각과 작은 조각을 만들어 용해를 돕는다. 그래서 음식 표면에 더욱 잘 달라붙는다.

Whisked, 위스크

'휘젓는다'는 뜻의 충분히 혼합된 액체를 일컫는다. 철사로 만든 강한 곡조 모양의 풍선처럼 생긴 벌룬 위스크(Balloon whisk)가 가장 보편적인 형태이다. 이 철사로 짠 것은 우리가 흔히 거품기라고 하는 것으로 공기를 혼합하고 재료를 섞는 데 좋다.

Whitebone, 화이트본

립을 너무 삶거나 익혔을 때 일어나는 현상이다. 두 개의 인접한 뼈를 당겼을 때 하나는 화이트본이 된다. 당겼을 때 고기가 뼈에서 분리된다면 오버쿡 (Overcook)이 된 것이다.

Wine, 와인

포도 같은 과일을 발효한 주스로 과일의 본질을 포함한다. 흙, 태양의 뚜렷한 변화를 통해 만들어지는 와인은 복잡한 생각을 자극하고, 대화에 감동하게 하고, 사랑을 강화하고, 우정을 지속시켜주는 흥미로운 음료이다. 바비큐에 어울리는 훌륭한 소스의 재료이다.

Wood chunk, chip, pellet, bisquette, log, sawdust, 우드 청크, 칩, 팰릿, 비스케트, 로그, 소더스트

모든 바비큐는 원래 연료원으로 통나무를 사용한다. 통나무에서 나는 나무 연기는 독특한 냄새를 부여하고 고기에 맛을 더하는데 이것이 바로 바비큐의 본질이다. 오늘날 대부분의 바비큐는 숯, 가스, 전기를 사용하고 우드, 청크, 칩, 팰릿 등으로 훈연하여 고기에 연기 맛을 더한다.

Worcestershire sauce, 우스터시어 소스

미국에서 Woo-stih-sheer라고 발음된다. 영국 우스터시어 마을에서는 Wuh-ster로 발음된다. 스테이크 소스와 마찬가지로 조화로운 맛을 낸다.

WSM, Weber Smokey Mountain

가장 인기 있고 효과적인 총알 모양의 워터 스모커 브랜드이다.

Xanthan gum, 산탄 검

사탕수수에서 추출한 천연 성분의 점증제를 일컫는 말이다. 매우 적은 양으로도 액체를 진하게 하고 액체가 샐러드에서 분리되는 것을 방지한다. 때때로 화합물에서 발견되어 피트마스터가 고기에 주사하는 데 사용된다. 박테리아에 의해 만들어진 산토모나스 캠페스트리스(Xanthomonas campestris)라는 천연물질을 분말로 건조시킨 것이다.

Xavier steak, 자비에르 스테이크

아스파라거스와 녹은 스위스 치즈를 얹은 스테이크이다.

Yakiniku, 야키니쿠

그리디론(Gridiron)에 작은 고기와 채소를 굽는 일본의 전통적인 방법이다.

Yard bird chicken, 야드 버드 치킨

기술적으로 방목한 닭을 일컫는 말이다.

Zest, 제스트

감귤류의 풍미가 나는, 껍질에 있는 밝은색 얇은 외부 층을 일컫는 말이다. 향과 아로마 오일을 가득 품고 있어서 향미제 등의 요리에 쓰인다. 종종 케이크로 구운 제품에서 발견된다. 제스터(Zester)나 마이크로플레인(Microplane), 필러(Peeler)로 제거하고 속 부분의 흰색은 사용하지 않는다.

Zinfandel, 진판델

붉은 와인을 일컫는 말로, 흑포도로 담근 캘리포니아산 레드 와인이다. 인기가 좋은 와인으로 그릴과 바비큐 음식에 곁들여진다.

Zymurgy, 지머기

양조학을 일컫는 말이다. 발효 공정의 화학 연구이다. 특히 양조에서 알코올 음료를 제조할 때 발효를 응용하는 과학을 뜻한다.

부록 / RECIPE & LECTURE NOTE

Professor in charge, Shaka

Menu		통삼겹살 바비큐 / 드라이 럽(Dry rub) / 간접구이(Indirect) / 130℃ / 5시간
		스위트 포테이토 소스(Sweet potato sauce)
Ingredients	Main	통돼지 옆구리살(Whole pork belly) − 5kg
	Dry rub	소금 4Ts, 블랙 페퍼 2/3Ts, 갈색 설탕 4Ts, 진저 파우더 1ts, 갈릭 파우더 2ts, 양파 과립제(Granules onion) 1Ts, 오레가노 1/2ts, 타임 1/2ts, 바질 1/2ts, 로즈메리 1/2ts, 베이리프 1/2ts, 클로브 약간, 고춧가루 1Ts
	sauce	버터, 양파 1/2개, 마늘 2톨, 토마토 1개, 셀러리 1/2대, 당근 1/5개, 부케 가르니(Bouqute garni, 베이리프와 클로브), 토마토케첩 5Ts, 화이트 와인 1Ts, 치킨 또는 대시 우스터시어 소스(Dash Worcestershire sauce) 1/2컵, 고춧가루 1Ts, 고구마 1/2개, 갈아 놓은 블랙 페퍼 약간, 소금 약간, 설탕 약간
Directions	Main	1. 통삼겹살은 종이타월로 물기를 완전히 제거한다. 2. 럽(Rub) 재료를 섞어 통삼겹 겉면에 골고루 발라 마사지한다. 3. 간접구이(Indirect)로 그릴 내부 온도를 130℃로 세트업하고 예열과 크리닝을 한다. 4. 지방이 있는 바깥쪽을 위로 하여 재료를 세팅한다. 5. 물에 20~30분 정도 불린 훈연제를 브리켓 위에 넣는다. 6. 뚜껑을 덮고 상하단 통풍조절구를 통해 그릴을 안정화한다. ※ 처음 연기는 버리고 연기의 농도가 순해지고 투명해질 때까지 섬세하게 드래프트(Draft, 흡 · 배기의 원활한 작용)한다.
	Sauce	1. 고구마는 껍질을 벗겨서 박편으로 자른 후 그릴에 직화로 충분히 굽는다. 2. 소스팬에 버터를 두르고 양파, 마늘, 토마토, 셀러리, 당근을 볶는다. 3. 케첩, 와인과 우스터 소스, 칠리 소스를 넣고 볶는다. 4. 닭고기 수프, 부케 가르니를 넣고 끓인다. 5. 구운 고구마를 넣고 낮은 온도에서 뭉근히 끓이며 타지 않게 잘 젓는다. 6. 소금, 후추, 설탕으로 간을 해 마무리한다. 7. 블렌더(Blender)로 갈아 체에 걸러 낸다.
Cooking Point 돼지고기의 이해, 고구마 소스 이해, 지역 작물 재료의 이해		• 고기는 가급적 통으로 낮은 온도에서 오랜 시간 요리하는 것이 좋다. • 지방이 많은 껍질 부위를 위로 해 그릴에 얹는다. • 훈연은 초반, 최대한 낮은 온도에서 한다. 연기는 자연스럽게 흘린다. • 고구마는 가급적 얇게 썰어 진한 갈색이 날 때까지 굽는다.
Cooking Tip		• 소스는 각 재료의 풍미를 최대한 살려 하나의 맛으로 어우러지게 한다. • 가장 기본적인 가감 없는 맛으로 연출한다.

Menu		통닭 바비큐 / 드라이 럽(Dry rub) / 간접구이(Indirect) / 120℃ / 4시간
		머스터드 소스(Mustard sauce)
Ingredients	Main	통닭(Whole chicken) – No. 12
	Dry rub	소금 2Ts, 블랙 페퍼 1ts, 갈색 설탕 2Ts, 진저 파우더 1/2ts, 갈릭 파우더 1ts, 양파 과립제(Granules onion) 1Ts, 로즈메리 1/2ts, 베이리프 1/2ts, 타임 1/2ts, 파슬리 1/2ts, 고춧가루 1/2Ts ▶ 주입액(Injection liquid): 화이트 와인 1/2컵, 라임즙 1/5컵, 소금 1/2ts, 설탕 1ts
	sauce	디종 머스터드 5Ts, 올리브 오일 1ts, 저민 마늘 1ts, 드라이 화이트 와인 1Ts, 메이플 시럽 2Ts, 로즈메리 1/2ts, 신선하게 갈은 블랙 페퍼 1/5ts, 소금 1/5ts, 설탕 1ts
Directions	Main	1. 통닭을 종이타월로 물기를 완전히 제거한다(주입: 소금, 라임즙, 설탕). 2. 럽 재료를 섞어 통닭에 골고루 발라 마사지한다. 3. 간접구이(Indirect)로 그릴 내부 온도를 130℃로 세트업하고 예열과 크리닝을 한다. 4. 바깥쪽을 위로 하여 재료를 올린다. 5. 물에 20~30분간 불린 훈연제를 브리켓 위에 넣는다. 6. 뚜껑을 덮고 상하단 통풍조절구를 통해 그릴을 안정화한다. ※ 처음 연기는 버리고 연기의 농도가 순해지고 푸른색을 띨 때까지 섬세하게 드래프트(Draft, 흡·배기의 원활한 작용)한다.
	Sauce	1. 소스팬에 올리브 오일을 두르고 다진 마늘을 볶는다. 2. 머스터드와 로즈메리, 와인과 닭고기 수프, 메이플 시럽을 넣고 끓인다. 3. 낮은 온도에서 양이 줄고 농도가 맞을 때까지 타지 않게 잘 저어준다. 4. 소금, 후추, 설탕으로 마무리한다.
Cooking Point 닭고기 이해, 머스터드 소스 이해, 주입(Injection) 이해		• 닭고기는 가급적 통으로 저온에서 오랜 시간 쿠킹하는 것이 좋다. • 주입(Injection)의 의미를 이해한다(장비 안전). • 훈연은 최대한 낮은 온도(Low temp)에서 한다.
Cooking Tip		• 소스는 각 재료의 풍미를 최대한 살려 하나의 맛으로 어우러지게 한다. • 가장 기본적인 가감 없는 맛으로 연출한다. • 소스 또한 정성이므로 재료로 인한 맛의 변화에 민감해야 한다.

Menu		통돼지갈비 바비큐 / 드라이 럽(Dry rub) / 간접구이(Indirect) / 130℃ / 5시간
		콜라 소스(Cola sauce)
Ingredients	Main	통돼지 갈비(Whole pork rib) − 3kg
	Dry rub	소금 3Ts, 블랙 페퍼 1ts, 갈색 설탕 3Ts, 진저 파우더 1/2ts, 갈릭 파우더 1ts, 양파 과립제(Granules onion) 1Ts, 오레가노 1/2ts, 세이지 1/2ts, 타임 1/2ts, 바질 1/2ts, 로즈메리 1/2ts, 차이브 1/2ts, 베이리프 1/2ts, 클로브 약간, 고춧가루 1Ts
	sauce	양파와 토마토 1Blender chop, 코카콜라 1/2컵, 케첩 1/4컵, 식초 1ts, 우스터시어 소스 1ts, 칠리 파우더 & 핫 소스 1ts, 소금 약간 (또는 후추, 설탕)
Directions	Main	1. 돼지갈비는 종이타월로 물기를 완전히 제거하고 내막을 벗긴다. 2. 럽 재료를 섞어 겉면에 골고루 발라 마사지한다. 3. 간접구이(Indirect)로 그릴 내부 온도를 150℃로 세트업하고 예열과 크리닝을 한다. 4. 바깥 부분을 위로 하여 재료를 올린다. 5. 물에 20~30분 정도 불린 훈연제를 브리켓 위에 넣는다. 6. 뚜껑을 덮고 상하단 통풍조절구를 통해 그릴을 안정화한다. ※ 처음 연기는 버리고 연기의 농도가 순해지고 푸른색을 띨 때까지 섬세하게 드래프트(Draft, 흡 · 배기의 원활한 작용)한다.
	Sauce	1. 팬을 달구고 양파를 볶다가 토마토를 넣고 볶는다(Not, fat & oil). 2. 케첩, 우스터 소스, 식초, 핫소스, 고춧가루를 넣고 볶다가 콜라를 넣고 끓으면 낮은 불에서 잘 저어주며 은근히 끓인다. 3. 농도를 조절한다. 4. 소금, 후추, 설탕으로 간을 마무리한다.
Cooking Point 돼지갈비의 이해, 다양한 소스 이해, 지역 특산물을 이용한 요리의 중요성 이해		• 고기는 가급적 통으로 낮은 온도에서 오랜 시간 요리하는 것이 좋다. • 훈연은 최대한 낮은 온도에서 한다.
Cooking Tip		• 소스는 각 재료의 풍미를 최대한 살려 하나의 맛으로 어우러지게 한다. • 대중 음료인 콜라를 이용해 특화 소스를 만드는 것처럼 요리에 대한 상상력을 발휘한다.

Menu		통오리 바비큐 / 드라이 럽(Dry rub) / 간접구이(Indirect) / 150℃ / 4시간
		멤피스 바비큐 소스(Memphis barbecue sauce)
Ingredients	Main	통오리(Whole duck) – 1.8kg
	Dry rub	해수염 2Ts, 블랙 페퍼 1ts, 갈색 설탕 3Ts, 진저 파우더 1/2ts, 갈릭 파우더 1ts, 양파 과립제(Granules onion) 1Ts, 로즈메리 1/2ts, 베이리프 1/2ts, 타라곤 1/2ts, 파슬리 1/2ts, 고춧가루 1Ts ▶ 베이스팅 소스(Basting sauce)와 버터: 레몬즙 1/4컵, 레드 와인 1/2컵, 소금 & 후추 약간, 타바스코 1ts
	sauce	버터, 다진 양파 1개, 저민 마늘 1/2Ts, 토마토 1개, 토마토케첩 1Ts, 사과술 1/2컵, 식초 1ts, 옐로 머스터드 3Ts, 갈색 설탕 3Ts, 칠리 파우더 1ts, 갈아놓은 블랙 페퍼 1ts, 해수염 약간
Directions	Main	1. 통오리는 종이타월로 물기를 완전히 제거한다. 2. 럽(Rub) 재료를 섞어 통오리에 골고루 발라 마사지한다. 3. 간접구이(Indirect)로 그릴 내부 온도를 150℃로 세트업하고 예열과 크리닝을 한다. 4. 가슴을 벌린 통오리 등을 위로 해 석쇠 위에 올린다. 5. 물에 20~30분 정도 불린 훈연제를 브리켓 위에 넣는다. 6. 뚜껑을 덮고 상하단 통풍조절구를 통해 그릴을 안정화한다. ※ 1시간 30분쯤 지나면 20분 간격으로 베이스팅(Basting)한다 (Only basting brush). ※ 버터는 나중에 베이스팅한다.
	Sauce	1. 소스팬에 버터를 두르고 다진 양파, 마늘을 넣고 볶다가 소금을 후추로 간을 한다. 2. 다진 토마토, 토마토케첩, 머스터드, 식초, 사과술을 넣고 끓인다. 3. 끓어오르면 약한 불에서 저으면서 농도를 조절한다. 4. 낮은 온도에서 타지 않게 잘 저어주면서 소금, 후추로 마무리한다.
Cooking Point 가금류(통오리)의 이해, 멤피스 소스(돼지고기) 이해, 베이스팅의 이해		• 고기는 가급적 통으로 좀 높은 온도에서 요리하는 것이 좋다. • 베이스팅과 베이스팅 소스의 의미와 방법을 이해한다(장비 안전). • 훈연은 초기에 정제된 칩으로 최대한 한다.
Cooking Tip		• 소스는 각 재료의 풍미를 최대한 살려 하나의 맛으로 어우러지게 한다. • 오리 껍질의 맛과 향, 질감을 살리는 것이 중요하다.

Menu		풀드 포크 바비큐 / 드라이 럽(Dry rub) / 간접구이(Indirect) / 120℃ / 10시간
		풀드 포크 바비큐 소스(Pulled pork barbecue sauce)
Ingredients	Main	포크 피크닉 숄더(Pork picnic shoulder) – 3kg
	Dry rub	소금 2Ts, 갈색 설탕 3Ts, 스위트 파프리카 1ts, 고춧가루 1Ts ※ 나중에 소스와 버무릴 것이므로 최소한의 재료로 럽을 한다.
	sauce	• 스프레이 소스(Spray Sauce): 사과 주스 1컵, 애플 사이다 식초 1/4컵 • 드레싱 소스(Red sauce): 애플 사이다 식초 1/4컵, 케첩 5Ts, 레드 페퍼 플레이크 1Ts, 우스터시어 소스 1Ts, 갈색 설탕 3Ts, 핫소스 1ts, 소금과 후추 약간
Directions	Main	1. 돼지 앞다릿살은 지방을 제거한 후 종이타월로 물기를 완전히 닦아낸다. 2. 럽 재료를 섞어 골고루 발라 마사지한다. 3. 간접구이로 그릴 내부 온도를 150℃로 세트업하고 예열과 크리닝을 한다. 4. 드립팬(Drip–pan)을 깔고 껍질을 위로 가게 하여 요리 석쇠 위에 올린다. 5. 물에 20~30분 정도 불린 훈연제(Chunk–Oak)를 불 위에 넣는다. 6. 뚜껑을 덮고 상하단 통풍조절구를 통해 그릴을 안정화한다. ※ 총 조리 시간은 10시간이다. 2시간 후부터 30분 간격으로 스프레이한다.
	Sauce	1. 소스팬에 레드 소스 재료를 넣고 낮은 온도에서 뭉근히 끓인다. 2. 낮은 온도에서 타지 않게 잘 저어준다. 3. 소금, 후추로 간을 해 마무리한다. **코울슬로** • 슬라이스한 양배추, 슬라이스한 양파와 당근 **드레싱** • 마요네즈, 피클, 설탕, 소금
Cooking Point 리얼 바비큐의 진수 이해, 저지방 부위 조리방법 이해, 스프레이 스킬의 이해		• 리얼 바비큐에서 인내와 섬세한 관심이 가장 필요한 종목이다. • 낮은 온도에서 장시간 쿠킹한다. 버거빵과 코울슬로를 곁들인다. • 스프레이(Spray)의 의미와 방법을 이해한다(장비 안전). • 훈연은 초기부터 적당한 양의 정제된 청크를 이용하여 최대한 한다.
Cooking Tip		• 소스는 각 재료의 풍미를 최대한 살려 하나의 맛으로 어우러지게 한다. • 풀드 포크와 버무리고 샐러드나 밥, 빵을 곁들인다. • 저지방 부위의 맛과 식감을 최대한 살릴 수 있는 요리이다.

Menu		비어캔 치킨 바비큐 / 드라이 럽(Dry rub) / 간접구이(Indirect) / 120℃ / 4시간
		머스터드(Mustard) & 페인트 바비큐 소스(Paint barbecue sauce)
Ingredients	Main	통닭(Whole chicken) − 1.2kg
	Dry rub	비어캔 1개, 소금 3Ts, 설탕 3Ts, 블랙 페퍼 1/2Ts, 타임 1/2ts, 타라곤 1/2ts, 파슬리 1/2ts, 로즈메리 1/2ts, 베이리프 1/2ts, 갈릭 파우더 1ts, 어니언 파우더 1Ts, 진저 파우더 1/2ts, 핫 페퍼 1Ts
	sauce	옐로 머스터드 5Ts, 갈색 설탕 3Ts, 한국식 핫 페퍼 1ts, 해수염 1/2ts, 블랙 페퍼 1/2ts ▸ 페인트 소스(Paint Sauce): 올리브 오일 약간, 소금 약간
Directions	Main	1. 통닭의 큰 지방을 제거한 후 종이타월로 물기를 완전히 닦아낸다. 2. 럽 재료를 섞어 골고루 발라 마사지한다. 3. 간접구이로 그릴 내부 온도를 150℃로 세트업하고 예열과 크리닝을 한다. 4. 2/3 정도 남아 있는 맥주캔을 꼬리 부분에 끼워 쿠킹 석쇠 위에 잘 세운다. 5. 자세는 프리스타일(Free−style)로 한다. 6. 물에 20~30분간 불린 훈연제(Chunk−Oak)를 불 위에 넣는다. 7. 뚜껑을 덮고 상하단 통풍조절구를 통해 그릴을 안정화한다. ※ 2시간이 지나면 30분 간격으로 페인트 소스를 바른다.
	Sauce	1. 소스 재료를 모두 섞는다. 2. 재료의 양은 본인의 기호와 취식자의 기호에 따라서 가감한다. 3. 소금, 후추로 마무리 간을 한다.
Cooking Point 화려한 비어캔의 이해, 유해 캔 사용에 대한 토의, 베이스팅 스킬의 완벽 한 이해		• 리얼 바비큐에서 가장 화려한 종목으로 누구나 해보고 싶어 한다. • 낮은 온도에서 장시간 쿠킹, 온도가 너무 높아지면 겉면이 타게 된다. • 베이스팅(Basting)의 의미와 방법을 이해한다(장비 안전). • 훈연은 초기부터 적당한 양의 정제된 청크로 한다.
Cooking Tip		• 소스는 각 재료의 풍미를 최대한 살려 하나의 맛으로 어우러지게 한다. • 겉 껍질로 맛과 식감을 최대한 살릴 수 있는 요리이다.

Menu		비프 립 바비큐 / 마리네이드(Marinade) / 간접구이(Indirect) / 120℃ / 5시간
		마리네이드(Marinade) & 비프 립 바비큐 소스(beef rib barbecue sauce)
Ingredients	Main	룸프 쇠갈비(Lump beef rib) – 3kg
	Marinade	한국식 간장 1/2컵, 저민 마늘 1Ts, 저민 파 1대, 참기름 1Ts, 볶은 참깨 1Ts, 사과 식초 1ts, 갈색 설탕 3Ts, 블랙 페퍼 1ts, 생수 1컵
	sauce	• 마리네이드액: 양파 1개, 마늘 5톨, 셀러리 1대, 베이리프 2장, 클로브 2개, 비프 스톡
Directions	Main	1. 갈비는 지방 제거 후 종이타월로 물기를 완전히 닦아낸다. 2. 갈비를 비닐 지퍼백에 담고 마리네이드액을 부어 공기를 뺀 후 밀봉한다. 3. 간접구이로 그릴 내부 온도를 140℃로 세트업하고 예열과 크리닝을 한다. 4. 갈비를 석쇠에 올리고 훈연제를 넣는다. 5. 뚜껑을 덮고 상하단 통풍조절구를 통해 그릴을 안정화한다. ※ 1시간 후부터 20분 간격으로 마리네이드액을 발라준다.
	Sauce	1. 소스 재료를 모두 섞는다. 2. 약한 불에서 걸쭉해질 때까지 뭉근히 끓인다. 3. 소금, 설탕, 후추로 마무리한다.
Cooking Point 소갈비의 이해, 마리네이드의 이해, 기본 양념의 완벽한 이해		• 갈비를 통째로 굽는 방법으로 온도 관리의 섬세함이 중요한 종목이다. • 낮은 온도에서 장시간 쿠킹하는데, 온도가 너무 높아지면 겉면이 타게 된다. • 마리네이드의 의미와 방법을 이해한다(비닐 지퍼백을 이용하면 적은 양으로도 가능). • 훈연은 초기부터 적당한 양의 정제된 청크로 한다.
Cooking Tip		• 각 재료의 역할과 기능이 어우러져 동양 소스의 장점(어울림)이 살아나 하나의 맛으로 어우러진다. • 사전에 재료를 말끔히 정리해야 모서리 부분이 타지 않는다.

Menu		돼지 등갈비 바비큐 / 드라이 럽(Dry rub) / 간접구이(Indirect) / 120℃ / 4시간
		토마토 몹(Tomato mop) & 딥 바비큐 소스(Dip barbecue sauce)
Ingredients	Main	돼지 등갈비(Pork back rib) – 3kg
	Dry rub	소금 3Ts, 갈색 설탕 3Ts, 블랙 페퍼 2/3Ts, 갈릭 파우더 1ts, 양파 과립제(Granules onion) 1Ts, 진저 파우더 1/2ts, 옐로 머스터드 5Ts, 오레가노 1/2ts, 타임 1/2ts, 바질 1/2ts, 로즈메리 1/2ts, 베이리프 1/4ts, 클로브 1/4ts, 고춧가루 1Ts
	sauce	토마토 1개, 마늘 2톨, 양파 1개, 핫 그린 페퍼 2알, 셀러리 1대, 베이리프 2장, 클로브 2개, 버터 2Ts, 토마토케첩 3Ts, 소금 1ts, 설탕 2Ts, 페퍼 1/2Ts, 치킨 스톡 1/2컵
Directions	Main	1. 등갈비는 내부막을 제거한 묽은 염수에 담가 염지한 후 꺼내 물기를 닦아낸다. 2. 머스터드를 바르고 럽을 한다. 3. 간접구이로 그릴 내부 온도를 130℃로 세트업하고 예열과 크리닝을 한다. 4. 등갈비를 석쇠 위 립 랙(Rib rack)에 올리고 훈연제를 넣는다. 5. 뚜껑을 덮고 상하단 통풍조절구를 통해 그릴을 안정화한다. ※ 1시간 30후부터 20분 간격으로 모핑(Mopping)한다.
	Sauce	1. 버터를 두르고 재료를 넣고 볶다가 치킨 스톡을 붓는다. 2. 소형 바트에 넣어 그릴 내에서 끓여준다. 3. 소금, 설탕, 후추로 마무리한다. ※ 모핑(Mopping) & 디핑 소스(dipping sauce)를 병행 사용한다.
Cooking Point 등갈비의 이해, 몹의 이해, 소스의 다양한 용도 이해		• 뼈가 있는 재료이므로 염지를 통한 전처리 작업이 중요한 종목이다. • 저지방 부위로 겉면이 마르는 경우가 발생할 수 있으므로 모핑이 중요하다. • 몹과 딥 소스(Dip sauce)의 의미와 방법을 이해한다. • 훈연은 초기부터 적당한 양의 정제된 청크로 한다.
Cooking Tip		• 소스도 그릴 내에서 재료와 같이 조리하면 스모킹 효과가 증대된다. • 국내에서는 백 립용으로 정형하는 것이 없어 두터운 립을 구하기 어렵다.

Menu		닭북채, 닭봉, 닭날개 바비큐 / 마리네이드(Marinade) / 간접구이 (Indirect) / 120℃ / 3시간
		케이준 바비큐 소스(Cajun barbecue sauce)
Ingredients	Main	닭다리살, 닭봉(drumette), 닭날개 – 3kg
	Marinade	간장 1/2컵, 올리브 오일 1/4컵, 레드 와인 식초 1/4컵, 오레가노 1ts, 바질 1/2ts, 갈릭 파우더 1/2ts, 페퍼 1/4ts, 파슬리 약간
	sauce	소금 1ts, 블랙 페퍼 1/2Ts, 핫 페퍼 1Ts, 갈색 설탕 4Ts, 저민 양파 1개, 저민 마늘 3톨, 저민 셀러리 1대, 토마토케첩 1컵, 버터(또는 라드) 1/4컵, 끓는 물 1/2컵, 우스터시어 소스 2dash, 파슬리 약간, 베이리프 약간
Directions	Main	1. 닭을 소금물에 씻어 지퍼백 안에 넣고 마리네이드액을 부어 숙성시킨다. 2. 간접구이로 그릴 내부 온도를 140℃로 세트업하고 예열과 크리닝을 한다. 3. 치킨 랙(Chicken rack)을 사용해 석쇠에 올리고 훈연제를 넣는다. 4. 뚜껑을 덮고 상하단 통풍조절구를 통해 그릴을 안정화한다.
	Sauce	1. 버터(또는 라드)를 두르고 재료를 넣고 볶다가 끓는 물을 붓는다. 2. 뭉근히 끓여 농도를 조절한다. 3. 소금, 설탕, 후추로 마무리한다.
Cooking Point 닭과 간장의 어울림 이해, 케이준의 역사 이해, 소스의 다양한 용도 이해		• 닭의 부위별 작업을 통한 식감 및 특성을 이해할 수 있는 중요한 종목이다. • 닭과 간장의 궁합을 이해하고 기타 재료 가감을 통해 자신감을 얻는다. • 아카디아(Acadia)인들의 애환과 케이준(Cajun) 음식의 탄생을 통해 레시피의 중요성을 깨닫는다. • 훈연은 초기부터 적당한 양의 정제된 청크(Grape wood)로 한다.
Cooking Tip		• 간장 마리네이드(Marinade)의 기초를 이해한다. • 케이준 소스(Cajun sauce)의 이해를 통해 응용력을 키운다.

Menu		양갈비 바비큐 / 웨트 럽(Wet rub) / 간접구이(Indirect) / 130℃ / 3시간
		큐민 레드 와인 바비큐 소스(Cumin red wine barbecue sauce)
Ingredients	Main	양갈비구이(Racks of lamb rib) − 3kg
	Wet rub	해수염 3Ts, 저민 마늘 5톨, 갈색 설탕 3Ts, 그라운드 큐민 1Ts, 그라운드 코리앤더 1ts, 신선한 그라운드 페퍼 1TS, 그라운드 시나몬 1/2ts, 올리브 오일 1컵
	sauce	마늘 3톨, 클로브 1개, 레드 와인 1/2컵, 쇠고기 수프 1/2컵, 크림 (half and half) 1/4컵, 그라운드 큐민 1ts, 올리브 오일 약간, 슬랫 (Slat)과 페퍼 약간, 설탕 약간
Directions	Main	1. 재료를 섞어 럽을 하여 잠깐 숙성한다. 2. 간접구이로 그릴 내부 온도를 140℃로 세트업하고 예열과 크리닝을 한다. 3. 양갈비 석쇠 가운데 올리고 훈연제를 투입하여 5분 정도 집중 훈연한다. 4. 뚜껑을 덮고 상하단 통풍조절구를 통해 그릴을 안정화한다. 5. 온도 및 과정을 예민하게 관리한다.
	Sauce	1. 올리브 오일에 마늘을 볶는다. 2. 레드 와인과 쇠고기 육수, 크림을 붓고 큐민을 넣는다. 3. 뭉근히 끓여 농도를 조절한다. 4. 소금, 설탕, 후추로 마무리한다.
Cooking Point 양갈비의 특성 이해, 양갈비 조리법의 기본 이해, 허브의 적정 활용 이해		• 양갈비 작업을 통해 적절한 향신료 사용법을 이해할 수 있는 종목이다. • 큐민과 코리앤더의 사용 경우를 이해하고 낯선 재료에 대한 자신감을 얻는다. • 직화와 간접구이의 적절한 조화와 타이밍을 이해한다. • 훈연은 초기부터 적당한 양의 정제된 훈연제로 한다.
Cooking Tip		• 큐민과 코리앤더를 이해한다. • 직 · 간접구이 전환과 집중 훈연에 대한 고급 스킬을 습득한다. • 침니는 1/3 정도로 필요한 양만 사용한다(그릴 하나 테이블 하나 세팅).

Menu		해산물과 채소, 과일 바비큐 / 간접구이(Indirect) & 직접구이 (direct) / 180℃ / 1시간
		허브 버터(Herb butter) & 바비큐 소스(Barbecue sauce)
Ingredients	Main	홍합(Mussel), 조개(Clam), 가재(Crayfish), 새우(Prawn), 굴 (Oyster), 버섯(Mushroom), 옥수수(Maize), 베이비 포테이토(Baby potato), 통마늘, 통양파, 사과, 파인애플, 파슬리
	With boiling	라거 비어캔 1개, 타임 1Ts, 신선한 오레가노 1Bunch, 반으로 자른 통마늘 1개, 카옌 페퍼 1Ts, 칠리 플레이크 1ts, 1/4로 자른 레몬 2개, 1/4로 자른 양파 1개, 그라운드 블랙 페퍼 약간, 소금 약간, 올리브 오일 약간
	sauce Herb butter	코리앤더 1ts, 레몬 또는 라임(제스트하거나 즙을 낸 것) 1개, 빻은 마늘 3톨, 로즈메리 1ts, 칠리 2개(빨간색 하나, 초록색 하나), 해수염 1ts, 페퍼 약간, 버터 200g
Directions	Main	1. 가재는 반으로 자르고 굴은 한쪽 껍질을 제거하고, 새우는 내장을 제거한 후 등쪽에 칼집을 넣고 벌려 허브 버터를 발라 그릴에 굽는다. 2. 사과는 0.5cm, 파인애플은 1cm로 슬라이스하여 직화로 굽는다. 3. 감자와 옥수수(1/4로 자른 것)도 허브 버터를 발라 포일접시에 올려 굽는다. 4. 반으로 자른 통마늘과 양파, 버섯을 홍합, 조개와 같이 큰 포일 팬에 넣고 보일링(Boiling) 재료를 섞어 훈연과 함께 그릴 안에서 쿠킹한다(Lemon juice & quarter). 5. 큰 접시에 다 익은 홍합, 조개, 가재, 새우, 굴, 감자, 옥수수, 버섯, 마늘, 양파, 사과, 파인애플을 올리고 보일링액을 적당히 붓고 위에 남은 허브 버터와 올리브 오일을 뿌리고 다진 파슬리를 올려 마무리한다. 6. 허브 버터를 사이드에 같이 서빙해도 무방하다.
	Sauce Herb butter	1. 팬을 낮은 불에 올려 버터를 녹인다. 2. 레몬 껍질을 갈고 반으로 잘라 주스를 섞어준다. 3. 나머지 재료를 넣고 소금과 후추로 마무리해 불에서 내린다.
Cooking Point 해산물의 특성 이해, 멀티쿠킹의 이해, 염도 조절의 중요성 이해		• 해산물 작업을 통한 적절한 향신료 사용법을 이해할 수 있는 종목이다. • 보일링과 재료, 쿠킹 방법을 이해하고 멀티 쿠킹에 대한 자신감을 얻는다. • 직화와 간접구이의 적절한 조화와 영역 활용을 이해한다. • 훈연은 초기부터 적당한 양의 정제된 훈연제로 한다.
Cooking Tip		• 재료별 익는 타이밍에 대한 섬세한 관심이 필요하다. • 직·간접구이 전환과 집중 훈연에 대한 고급 스킬을 습득한다.

Menu		더치 오븐 바비큐 / 캐스트 아이언 포트(Cast iron pot) / 오븐 / 3시간
		오리엔탈 멜론 바바큐 소스(Oriental melon barbecue sauce)
Ingredients	Main	포크 숄더(Pork shoulder) – 3kg
	In oven	양파 2개, 마늘 10톨, 1/4로 자른 당근 1개, 잘게 썬 핫 페퍼 3알, 셀러리 1대, 토마토 2개, 고구마 2개, 파 1대, 참외 1개, 생강 1ts, 로즈메리 1ts, 바질 1ts, 오레가노 1개, 올리브 오일 약간, 소금 약간, 후추 약간, 버터 약간
	sauce	토마토케첩 1/2컵, 참외즙 1/2컵, 식초 1Ts, 갈색 설탕 2Ts, 소금 약간, 페퍼 약간
Directions	Main	1. 더치 오븐 밑에 과채를 깔고 소금과 후추로 밑간한 돼지목살을 올린다. 2. 위에 허브를 뿌리고 올리브 오일을 충분히 넣어준다. 3. 화로대 불에 걸고 동시에 윗불을 주어 익힌다. 4. 고기를 꺼내 접시에 푸짐하게 담고 소스와 건더기를 뿌려 낸다. 5. 윗불은 밑불의 두 배 정도가 적당하다.
	Sauce	1. 익은 고기와 채소를 건져내고 남은 즙을 이용한다. 2. 참외즙과 케첩, 올리브 오일을 넣고 뭉근히 끓인다. 3. 소금과 후추, 설탕, 식초로 마무리한다.
Cooking Point 더치 오븐의 특성 이해, 야외 오븐의 기본 이해, 위아래 불 사용의 이해		• 야외 주철 오븐 작업을 통한 요리법을 이해할 수 있는 종목이다. • 원시적인 장작불(Live fire)을 이해하고 안전사고 예방 수칙을 습득한다. • 조리 과정에 대한 스토리를 머릿속에서 정리하는 습관을 들인다. • 야외 주철 오븐의 용도를 확실히 이해한다(Not grill).
Cooking Tip		• 멀티 쿠킹(Multi cooking)을 이해한다. • 고구마, 참외를 이용한 소스를 개발하고 고급 스킬을 습득한다.

Menu		연어 바비큐 / 웨트 럽(Wet rub) / 간접구이(Indirect) / 130℃ / 2시간
		호스래디시 바비큐 소스(Horse radish barbecue sauce)
Ingredients	Main	연어 필릿(Salmon Fillet) – 3kg
	Wet rub	차이브 1ts, 타임 1ts, 딜 1ts, 소금 1Ts, 블랙 페퍼 1ts, 설탕 1Ts, 얇게 슬라이스한 레몬 1개, 레몬즙 1개 분량, 올리브 오일 약간, 시더 플랭크 약간
	sauce	사워크림 1/2컵, 마요네즈 1/5컵, 화이트 호스래디시 1Ts, 신선한 바질(다진 것) 1ts, 신선한 레몬즙 1ts, 간장 1ts, 피클 약간, 케이퍼 약간
Directions	Main	1. 물에 불린 시더 플랭크(Cedar flank)에 연어를 올리고 레몬 주스를 뿌린 다음 럽을 한다. 2. 슬라이스한 레몬을 위에 올리고 올리브 오일을 뿌린다. 3. 그릴은 간접으로 세팅하고 시더판 밑에 브리켓 두세 개를 둔다. 4. 뚜껑을 덮고 쿠킹한다.
	Sauce	1. 재료을 섞어 소스를 만든다. 2. 피클과 케이퍼를 곁들인다.
Cooking Point 연어의 특성 이해, 시더 플랭크의 기본 이해, 시더 훈연에 대한 이해		• 바비큐의 가장 기본적인 종목이다. • 시더 플랭크를 이해한다. • 시더판의 훈연 기능을 이해한다. • 연어와 가장 잘 어울리는 기본 소스를 만들어본다.
Cooking Tip		• 연어라는 재료와 기본적인 기법 및 소스를 이해한다. • 재료에 따른 세트업 전환에 대한 고급 스킬을 습득한다.

참고문헌

[도서]

유중림(1766). 증보산림경제.

윤서석(1974). (개정증보판)한국식품사 연구. 신광출판사.

진수·서진(280~289). 삼국지 위서 동이전.

[홈페이지]

두산백과 www.doopedia.co.kr

문화원형백과 www.culturecontent.com

어메이징 립스 amazingribs.com

위키백과 wikipedia.org

한국민속대백과사전 folkency.nfm.go.kr

한국민족문화대백과사전 encykorea.aks.ac.kr

찾아보기

저자 소개

차영기

경기도 화성에서 태어나 충남 천안에서 성장했다. 삼성생명에서 마케팅을 담당하는 것을
시작으로 여러 언론 매체에서 근무했으며 여주대학교 겸임교수를 역임하고,
'샤카(Shaka)'라는 이름의 프로 바비큐어로 새로운 문화와 직업을 만들어왔다.
현재 대한아웃도어바비큐협회 회장으로 있으며 프로 바비큐어를 육성하고
프로 바비큐 경기 대회를 활성화시키는 프로 바비큐 프로모터로, 대한민국 아웃도어와
바비큐 문화 발전을 위한 컬처 크리에이터(Culture creator), 칼럼니스트로 활동 중이다.

SHAKA'S
BARBECUE
PRIMARY

샤카의 **바비큐 프라이머리**

2016년 5월 9일 초판 인쇄 | 2016년 5월 13일 초판 발행

지은이 차영기 | **펴낸이** 류제동 | **펴낸곳 교문사**

편집부장 모은영 | **책임진행** 이정화 | **디자인** 신나리 | **본문편집** 김남권
제작 김선형 | **홍보** 김미선 | **영업** 이진석·정용섭·진경민 | **출력** 현대미디어 | **인쇄** 동화인쇄 | **제본** 한진제본

주소 (10881)경기도 파주시 문발로 116 | **전화** 031-955-6111 | **팩스** 031-955-0955
홈페이지 www.gyomoon.com | **E-mail** genie@gyomoon.com
등록 1960. 10. 28. 제406-2006-000035호
ISBN 978-89-363-1562-7(03590) | **값** 14,500원